僕たちは ファッションの力で 世界を変える

ザ・イノウエ・ブラザーズという生き方

井上 聡　井上清史｜取材・執筆 石井俊昭｜PHP

ANIMAL
MAPEO
Edad
14u
26.75u

僕たちは
ファッションの力で
世界を変える

ザ・イノウエ・ブラザーズという生き方

― 刊行に寄せて ―

〝兄弟とはいいものだなぁ〟。聡と清史を見ていると、つくづくそう思う。これまで友人の兄弟を何人も見てきたし、付き合ってもきたが、ひとりっ子の僕としては、人付き合いのなかで、兄弟の有無はあまり関係なく、それほど興味もなかった。しかし、ふたりと接していると、兄弟がいることがこんなにも素晴らしく、人生において重要なことなんだと気付かされ、うらやましくなる。

ふたりとの出会いは、17年前に遡る。そのとき僕は、ロンドンからデンマークの首都コペンハーゲンへと向かう機内で、〝フラワームーヴメント〟〝アルネ・ヤコブセン〟〝アンデルセン〟など、これまで自分に影響を与えてきた、さまざまなデニッシュ・カルチャーに思いを巡らせていた。そして、これから僕の旅を案内してくれる聡という日系デンマーク人のことを想像していた。その時点では、これからコペンハーゲン中央駅で待ち合わせをしている聡と、後に出会うことになる清史の井上兄弟が、僕にとってこれほど特別な存在になるとは思いもよらなかった。

良くも悪くも、僕の期待をいつも裏切ってくれる井上兄弟は、コペンハーゲンで生まれ育った。当時、北欧では珍しい日本人ということもあり、心ないいじめや差別などを経験し、さらに多感な時期に家族の支えだった最愛の父親を失った。僕なりに海外事情、特にヨーロッパについてはわかっているつもりだが、少年時代に兄弟が味わった苦労がどれだけ大きかったかは想像に難くない。さらに、異国の地でふたりに愛情を注ぎ見守ってきた母親の大変さは、言葉では言い表せないほどだったと思う。

ただ、こうした体験があったからこそ、兄弟ふたりの強い絆と家族や周りに対しての〝愛〟が芽生えたのではないだろうか。自分たちが大変な目に遭ったから、他人にはいつでもやさしい目を向けていたい。〝愛と絆〟は、この兄弟と行動をともにしていて、常に感じることでもある。だからなのか、彼らにはついつい応援してしまいたくなる魅力があるし、彼らから受け取った〝愛〟は倍にしてお返ししたくなる。しかも、それを周りにもシェアしたくなってしまうのだ。

この本のなかには、聡と清史のこれまでの人生が描かれている。若いふたりにとっては、ほんの序章に過ぎないが、彼らはいまも命がけで、しかもそれも楽しみながら、冒険心に富んだ人生の旅を続けている。決して楽な道ばかりではないし、順風満帆という言葉からは程遠いかもしれない。でも、そこから生まれてくるものが聡と清史の〝愛〟であり、それが「THE INOUE BROTHERS...（ザ・イノウエ・ブラザーズ）」の核となる部分をつくっているのだ。

UNIT代表・ファッションデザイナー —— 鶴田研一郎

鶴田研一郎 ｜ 1963年生まれ。UNIT代表・ファッションデザイナー。95年にスタイル創設とともに東京・神宮前にセレクトショップ〝DUPE〟をオープン。翌年、ロンドンオフィスを開設、数々の有名英国ブランドを日本に紹介する。2009年にUNIT設立。13年にはデンマークの子ども服ブランド「joha（ヨハ）」と提携し、JOHA JAPANを設立した。井上兄弟のファッション、アート、カルチャーにおけるメンター的存在。
www.unit-ew.com

― まえがき ―

ガラス作家だった父親の収入は不安定で、物心が付いてからは家計が苦しいのが当たり前だった。ただ、母親曰く、そうではなかった時期もあったらしい。僕たち兄弟がまだ幼かったころだ。父はデンマーク王室御用達のガラスブランド、ホルムガードで専属デザイナーをしていた。ところがそこを辞めた途端、忍耐を強いられる暮らしになった。とにかく我慢、我慢、我慢……。それがストレスだった。僕が14歳になったある日、溜まりに溜まった不満が爆発した。同級生たちが着ているような新しい服を買ってもらえなかったのが原因だった。僕は、その悔しさと怒りを父にぶつけた。「父ちゃんのせいで、俺たちがこんな状態になったんだ」と。気まずい空気が流れるなか、父は「俺がなぜホルムガードを辞めたと思う?」と口を開いた。当時、父は投資家の意向を受けた社長から、自分の元で働いていたガラス職人たちのリストラを命じられていたという。だが、父にはそれがどうしてもできなかった。「だから、彼らよりはるかに給料が高い俺が辞めたんだ」。父は自らを犠牲にして、職人たちの雇用を守ろうとした。「家族には苦労をかけてすまない。でも、世の中にはお金や名声よりも大切にしたいものがある。それが俺にとっては、自分の信じる正義なんだ」。その日を境に、父は僕にとって〝世界一カッコいい男〟になった。

父の他界後、僕たち兄弟はその教えをすっかり忘れていた。貧しい移民の子としてバカにされた悔しさのほうが、子ども時代の思い出として強烈に心に刻まれてしまっていた。

僕は仕事で成功し、金持ちになるために必死だった。そして北欧でもトップクラスのコペンハーゲンにあるデザインスクールに入学したものの、知識の修得でしかない学校の授業では物足りず、そこを1年で退学してより実践的なデザインを学ぶために広告代理店でインターンとして働き始めた。誰よりも早く出勤し、誰よりもあとに帰宅した。毎日16～17時間、週末も関係なく腕を磨くことだけに集中した。そんな努力の甲斐あって、数年後にデザイナーとして正式採用され、その翌年にはアート・ディレクターになった。

あのころの僕は、周囲を顧みないエゴ剝き出しの男だったと思う。そして、もっと稼ぎたくて先輩クリエイターたち3人とデザイン会社を設立し、25歳のときにはコペンハーゲンの若手デザイナーのなかでもっとも注目されるひとりになっていた。清史も、美容業界における世界的な権威〝ヴィダルサスーン〟で、史上最年少でアート・ディレクターの地位にまで昇り詰めていた。それでも僕たちふたりは、幸せや満足感を得られなかった。

その後、僕が請け負うビジネスの規模は徐々に大きくなり、デザインの作業よりも契約の締結や政治的な交渉に割く時間が多くなった。そして、投資家の要望や売り上げ目標が、常にミーティングの議題の中心になることに嫌気がさしていた。清史も、クリエイティヴィティを最優先すべき〝ヴィダルサスーン〟が、それをサポートするはずのプロダクトを扱うメーカー（1985年に世界的な日用品メーカーのP＆Gがヘアケア商品部門を買収）にコントロールされていることに悩んでいた。

2004年の春、僕たちは仕事ではピークを迎えていたものの、精神的には最悪だった。そんなとき頭に浮かんだのがエコノミーとエコロジーについて父が語った言葉だった。

〝Economy（経済）〟と〝Ecology（生態系・環境）〟の〝Eco-〟は、ギリシャ語で「家・家庭」を表す〝oikos〟に由来する接頭語だ。その〝oikos〟が転じて、一方では〝Economy〟になり、もう一方では〝Ecology〟になったわけだが、今日ではまるで対立する概念であるかのようなふたつの言葉が、お互いの語源をたどると、奇しくも同じ〝oikos〟から出発しているのは興味深い。

父曰く、経済成長至上主義こそが不自然であり、ビジネスは樹木の成長と一緒だという。つまり、最初はほかの植物と競いながら枝葉を茂らせ、幹を太くしても、ある程度まで到達すると成長のスピードを緩め、周辺環境を支えるようになる。自らの苦い経験もあったのだろう。「ビジネスが投資家に支配されるようになると、その企業がもっている当初の理念や目的が失われる危険性がある。収益をあげることや競争も必要だが、そのバランスを失ってはならない。仕事をするうえでいちばん大切なのは、周りの人を幸せにすることなのだから。ほんの些細なことでもいい。家族や友人を幸せにすることだって立派なことだ。だから経済の原理もまた、自然の法則のなかにあるべきなんだ」。それが父の持論だった。

僕たちふたりは、欲とエゴで生きていた。だから、とても苦しかったんだと思う。弟は当時、スコットランドのグラスゴーにある支店で働いていた。僕は清史に電話をかけ、

「お互いにいまの会社を辞めて、俺たちのアートスタジオをつくらないか。父ちゃんに誇れる仕事をしよう」と伝え、彼女のウラ（現在の妻）を伴って赴任先に会いに行った。そしてグラスゴー大学のキャンパスを歩きながら、これから始めようとするソーシャル・ビジネスの構想を話し合い、そこでシンプルなルールを決めた。金儲けや有名になるためではなく社会貢献を目的にすること。絶対に投資家を入れないこと。権力に立ち向かう勇気をもつこと。破産することを怖がらないこと。将来、家庭をもっても日常の安定を優先させず、常にブレない考えをもち続けること。そう3人で誓い合った。

これから始まる物語は、「THE INOUE BROTHERS...（ザ・イノウエ・ブラザーズ）」が歩んできた足跡の記録である。僕たち兄弟は、自分たちが考える〝正しい〟社会を少しでも実現させたいという一心で、なんの知識もなかったファッションの世界でここまで突っ走ってきた。手段や業界はなんだっていい。いまの世の中はなんだかおかしい、それを変えたいという気持ちがあれば、誰だってチャレンジできる。世界中にはびこる不公正や不条理と一緒に闘おう。そしてこの本を読んだことをきっかけに、理想の未来をつくるために自分の殻を破る勇気と希望をもってくれたら、僕たちにとってそれ以上の幸せはない。

２０１７年12月

井上聡

僕たちはファッションの力で世界を変える

目次

第6章 —— 覚醒のとき ——

装丁・デザイン　|　鈴木清直 + 井上聡
地図作成　|　アトリエ・プラン

カナダ
アメリカ合衆国
大西洋
太平洋
ブラジル
ペルー
ボリビア
チリ

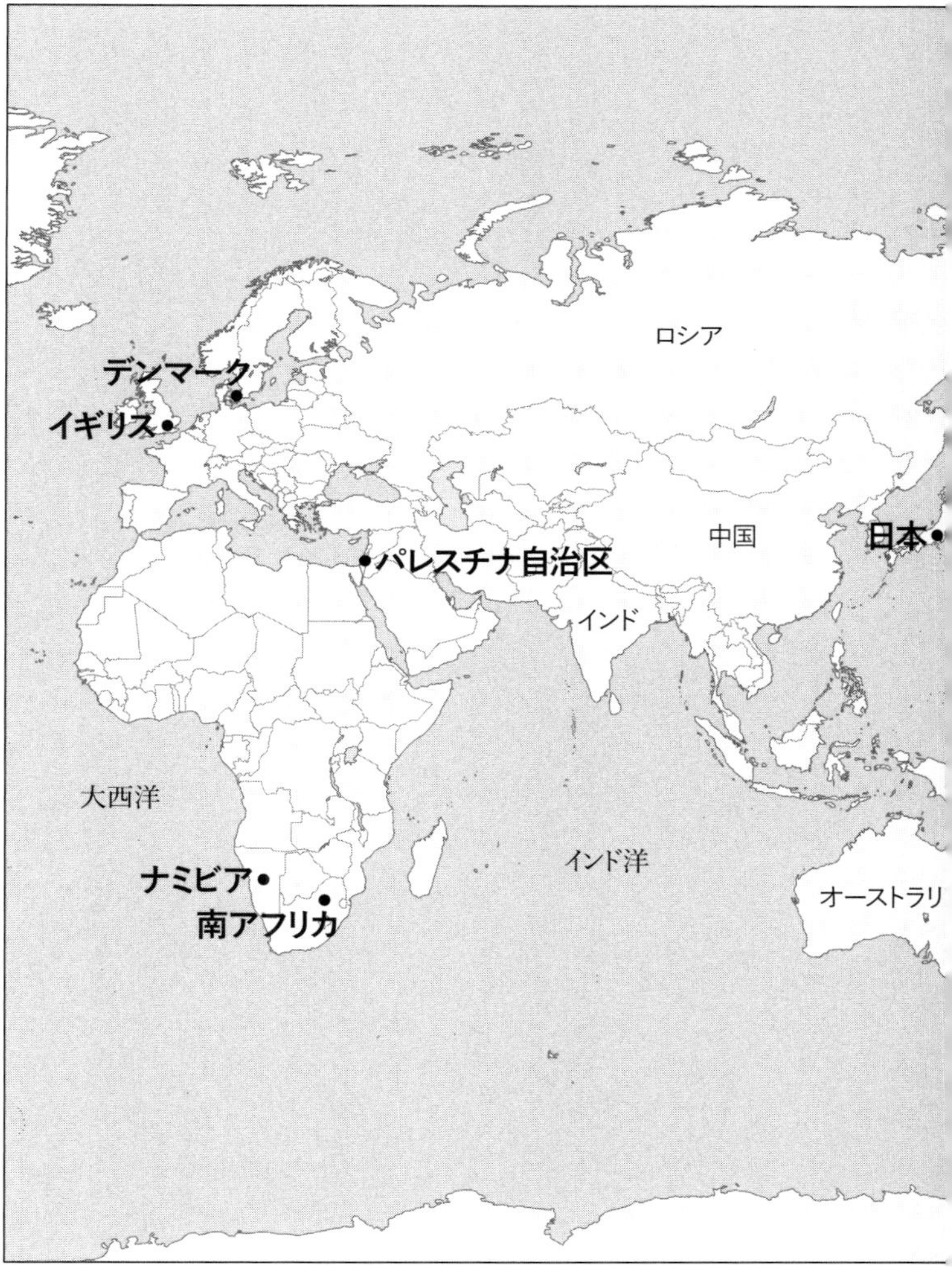
ロシア
デンマーク
イギリス
中国
日本
パレスチナ自治区
インド
大西洋
インド洋
ナミビア
南アフリカ
オーストラリ

明日死ぬかのように生きよ。
永遠に生きるかのように学べ。

Live as if you were to die tomorrow.
Learn as if you were to live forever.

マハトマ・ガンディー
Mahatma Gandhi（1869-1948）

第1章

ザ・イノウエ・ブラザーズの誕生

兄弟ふたりを乗せた車は、天空に向かって延びる道をひたすら走り続けていた。アルパカの放牧地帯は、〝雲の上の町〟と呼ばれるボリビアの首都ラ・パス（憲法上の首都はスクレだが、ラ・パスは行政・立法府のある事実上の首都）からさらに４００メートルほど登った中央アンデス高地にある。標高は４０００メートル以上。日本最高峰の富士山の山頂をも超えるこの一帯は、朝はマイナス15度、日中はプラス10度と、一日のなかで寒暖差が25度以上になる日も珍しくない。強烈な太陽光線と紫外線、時おり吹き荒れる身を切るような冷たい風。そして、夜になると凍えるような底冷えがやってくる。空気が希薄で乾燥し、車窓からは荒涼とした大地がどこまでも続いているのが見える。ふと視線を手前に移すと、岩場に〝アンデスウサギ〟とも呼ばれる、ねずみの仲間のビスカッチャがちょこんと座っていた。

―ソーシャル・デザインの夜明け―

ふたりは日本人の両親のもと、デンマークのコペンハーゲンで生まれ育った。兄の聡は現在もコペンハーゲンを拠点にグラフィックデザイナーとして、弟の清史はロンドンでヘアデザイナーとして活動している。彼らは、２０００年代に入ってにわかに注目されるようになった〝ソーシャル・デザイン〟のムーヴメントに刺激され、デザインとクリエイティヴのスキルを使って、兄弟でなにかアクションを起こそうと決意した。

そして、２００４年にアートスタジオ「THE INOUE BROTHERS…（ザ・イノウエ・ブラザーズ)」を設立する。すべての仕事に100パーセント全力投球し、嘘のない仕事をする誓いとしてブランド名には本名を冠することを決め、さらにこのブランドを兄弟だけのものに限定したくないとの思いから、最後に〝余白〟の意味で〝…〟と付け加えた。しかし、気持ちだけが前のめりになり、当初は友人が経営する店向けの雑貨をデザインしたり、趣味の延長のような洋服をつくってみたりと、なかなか方向性が定まらなかった。

ふたりがシンパシーを感じたソーシャル・デザインとは、人間のもつ創造の力で社会が抱えるさまざまな課題を解決していこうという取り組みだ。イギリスやアメリカでは1990年代後半から独自のアイディアやビジネスモデル、組織、技術といった要素の革新的な組み合わせにより、社会問題を解決する新しいタイプの起業家が登場しており、徐々に世界的な潮流になりつつあった。日本でデザインというと、建築やグラフィックなどの造形や意匠を指す場合が多いが、本来は〝設計〟を意味し、現状を少しでも望ましいものに変えようとする一連の行為・計画などのニュアンスを含んでいる。

つまり、クリエイティヴな発想で社会をよりよいかたちに変えていくのがソーシャル・デザインであり、こうした思想をもとに、社会問題を構造的に解決するための〝仕組み〟をつくり、持続性・発展性をもった事業として展開する人間を〝ソーシャル・アントレプレナー(社会起業家)〟と呼ぶ。表層的なデザインではなく、そこに奥深い価値を見出し、もののつくり手やつくり方に敬意を払いながら、ビジネスとして成立させる。聡と清史が、懸命に探し続けながら、なかなか見つけられずにいたのは、そんな社会にポジティヴなインパクトを与え、かつ〝自分たちにしかできない〟仕事だった。

聡は当時、コペンハーゲンで3人のパートナーと一緒にグラフィックデザインの会社を立ち上げていた。デンマークでは少しは名の知れたデザイナーになっていたこともあり、仕事には十分過ぎるほど恵まれていた。クライアントはオーディオ・ヴィジュアルの「バング&オルフセン」や陶磁器の「ロイヤル コペンハーゲン」、家具の「フリッツ・ハンセン」など、いずれもデンマークを代表する有名企業だった。ところが、相手先のビジネスサイズが大きくなればなるほど、自分たちのデザインに純粋な表現よりも商業的な戦略や企業統治（コーポレートガバナンス）が求められるようになり、不満を募らせていた。

清史もそのころ、世界屈指のヘアサロンとして名を馳せる〝ヴィダルサスーン〟でアート・ディレクターを務めていたものの、経営陣が2003年に美容業界の大手チェーンであるアメリカのリージス社に25店舗のサロンと4校のアカデミーを売却したことで、それまでとは大きく方針が転換し、独立するかどうかで悩んでいた。

自分たちの気持ちに正直に生きたかった。人生のほとんどは仕事だ。だったら、兄弟で一緒にやってみたい。異国で生まれ育った兄弟の絆は、離れて暮らしていても想像以上に強くて、太かった。

― 靴磨きの子どもたち ―

悶々とした日々が続くなか、転機は突然、訪れる。聡の古くからの友人で幼なじみのオスカ・イェンスィーニュスが「お前たちにぴったりのビジネスがある」と言って、南米のボリビアにアルパカを見に行こうと誘ってくれたのだ。オスカは、大学院時代に〝アルパカとアンデス高地の暮らし〟をテーマにした論文を書き上げ、その後、あるNGOを通じてボリビアの先住民たちの支援活動に参加していたことがあった。そして、そのことで彼は、彼なりに思うところがあったようだ。そこで、まずはオスカと聡のふたりが現地に赴き、ソーシャル・デザインの考えを適用したビジネスができそうか、その可能性を探ってみることにした。２００７年のことだった。

最初の旅は準備期間がほとんどなかったこともあり、かなりの駆け足となった。オスカの案内でラ・パスの観光の中心地となっているサガルナガ通りを歩くと、道の両側にさまざまな土産物店がずらりと並んでいた。インディヘナ（ラテン・アメリカの先住民）の織物やそれを使った雑貨、刺繍、石の置物や呪術に使う道具のようなものまであり、店の外まで商品が溢れ出ている様子は圧巻だった。アルパカウールを使ったものも多く、色とりどりのセーターやストール、帽子、手袋、指人形やキーホルダーなど、ありとあらゆるものが揃い、アルパカがこの地方の重要な産業のひとつであることが十分に伝わってきた。

オスカが言うには、アルパカは〝幻の超高級繊維〟といわれるビキューナと同じラクダ科に属する獣毛で、はるかインカ帝国の時代からその繊維はステイタス・シンボルとされ、重要な交易品として取引されていたという。そして、最高級のアルパカは高貴なインカ人のみに献上されるものだった。

ところが、このあたりの土産物店で売られている手編みのアルパカセーターは、いかにも〝土産物〟といった風情のものばかり。なめらかな手触りとシルクのような光沢があり、そのうえ繊維質が強いなど、素晴らしい素材であることはわかるものの、あくまでも旅の記念品にしかならないレベルだった。だからこそ、チャンスがあると思った。デザインの力で変えていける余地がある。アルパカ本来の価値を正しく伝えるために、聡はその可能性にかけてみたいという気持ちが体の芯から湧き上がってきた。

そして、それこそがオスカの狙いでもあった。以前からアンデス地方のアルパカ・ビジネスに足りないのは、デザインとブランディング、ストーリーテリングだと考えていた。そのために、井上兄弟のクリエイティヴィティが力になると密かに確信していたのだ。

その後、事前に調べておいたラ・パス市内にあるニット工場や手編み・手織りを得意とする工房を視察し、レストランでディナーをしているときだった。突然、浅黒い肌をした幼い子どもが、小さな道具箱を抱えてふたりのテーブルに近づいてきたかと思うと、聡の足元にひざまずいてこう言った。「セニョール、あなたの靴を磨かせてください」と。

国連児童基金（ユニセフ）によると、南米のなかでもとりわけ貧しいボリビアでは、家計を助けるなどの理由から約50万人の子どもが路上の靴磨きや露店などで働いており、農場や鉱山での児童労働も問題となっているという。高層ビルが建ち並び、大型チェーン店などが連なるラ・パス市街の中心部を歩いている分には、そんなに貧しさは感じられないが、妊産婦死亡率などはアフリカの最貧国と同じくらい悪い（世界保健機関の世界保健統計

2016年度より）。

ボリビアでは天然資源が豊富なため、古くからさまざまな鉱産品を輸出することで経済を支えてきた。だが、富が行き渡っているのは、それらの利権を確保する一部の層だけで、国民のほとんどはその恩恵を受けられず、多くの人々が貧困に苦しんでいる。そんな長年の歪んだ社会構造が、児童労働などの問題を生み出し、子どもたちから教育の機会を奪い、世代をまたぐ貧困の連鎖を促進してきたのだ。しかも、それはボリビアだけの問題ではない。南米諸国では順調な経済成長に反して貧困層が拡大し、貧富の差がますます大きくなるなど、問題は深刻化している。

娘が生まれたばかりの時期だったからかもしれない。聡は、そんな社会のなかでも懸命に生きる子どもたちの姿を正視できなかった。そして「いつか立派な人間になるから、それまで俺の靴を磨くのは待ってくれ」と答え、通常料金の3倍のコインを手渡すのが精一杯だった。けれども、あのとき子どもの顔がパッと明るくなった瞬間、自分のなかでなにかが弾けた気がした。この子たちを絶対に不幸にしちゃいけない。生涯をかけて、それをやり遂げる人間になろう。

＊

ボリビアからコペンハーゲンに戻ると、聡はすぐさま清史に連絡した。「とにかく、あの国は見ておいたほうがいい。貧しくても、力強く生きている人たちがいる。それに、これから国の政治で正義を貫こうとしているから」。短い言葉のなかにも、電話口から兄が興奮しているのが伝わってきた。

当時のボリビアは、エボ・モラレスが先住民出身として前年に史上初の大統領に就任し、グローバリズムに対して徹底的な対決姿勢を示していたころ。ボリビアガス紛争で多国籍企業に奪われている天然資源の権利を取り戻すべきだと主張し、コカ栽培の促進（先住民の伝統的な生活必需品として）や先住民の権利確立など、市場経済化の推進によって広まった格差社会の是正のために社会主義路線に大きく舵を切ろうとしていた時期だった。

ただ、ここで誤解してほしくないのは、聡がボリビアに惹かれたのは、社会主義云々という政治的イデオロギーではなく、エボ・モラレスが、長年、一部の支配層たちに虐げられてきた先住民の人々の権利を取り戻そうとしていたことだった。

そんな井上兄弟の原動力になっているのは、常に身の周りに存在していた不公平や不条理に対する怒りと、子ども時代からデンマークでマイノリティとして差別や偏見と闘ってきた反骨精神にほかならない。大切なのは、自分たちの主義・主張を一方的に押し付けるのではなく、反対意見にも耳を傾ける勇気をもつこと。否定も肯定もあっていい。全員が賛成しなければならない世の中なんてあり得ないし、みんな意見が違うのが当たり前だ。それでも、互いに認め合いながら共存していくのが、本来あるべき社会の姿だと思うから、聡は清史にもボリビアを見てほしかったのだ。

オスカとの旅の終わりに、彼が紹介してくれたラ・パス市内のニット工場と手織り・手

編み の工房に立ち寄り、そこにあった製品見本をもとにして「ここをこういうふうに変えてほしい」とオーダーした。ゼロからなにかを生み出すというよりも、いわば〝別注〟の感覚に近かった。そのほうがスピーディにかたちになるし、当時はその方法しか考えつかなかったからだ。

でも、数カ月後に送られてきたサンプル（試作品）は、どれも笑ってしまうほど不恰好で、ちょっぴり泣きたい気分になった。幸いにも、聡の奥さんが過去にアパレルメーカーでパタンナーをしていた経験があり、それ以降、手伝ってもらうと、なんとか服のかたちになるものの、売り物としてどうかというと、さっぱり自信がもてなかった。常に〝なぜ、なぜ、なぜ〟の繰り返し。それでも、見よう見まねでやってみるしかなかった。

──ザ・イノウエ・ブラザーズのデビュー──

走りながら考えた。やりながら学んでいった。とにかく、かたちにするのが先とばかりに、ボリビアを訪れた翌年の初めにはクルーネックセーターとVネックセーター、カーディガンをそれぞれ3色ずつ完成させた。そして武者修行のつもりで、それを持ってメンズ・ファッション・ウィーク真只中のパリに聡が単身乗り込んだ。清史は当時、ヴィダルサスーン時代の上司と共同でヘアサロンの経営に乗り出しており、それを切り盛りするのが精一杯で、同行を断念するほかなかった。これが「ザ・イノウエ・ブラザーズ」のデビュー・コレクションだった。

2007年の暮れ、聡は完成したアルパカセーターを前に、どこで誰に見てもらえばいいのか頭を抱えていた。そのとき、グラフィックデザインの仕事で知り合った「ウッドウッド」（デンマーク発のファッションブランド）の創設者のひとりでセールスを担当する人物が、自分たちの卸先である「セレクトショップのバイヤーを紹介する」と言ってくれたのは、涙が出るほどうれしかった。

2008―2009年秋冬シーズンに向けた、来場者わずか3人のとても小さな発表会。会場はオペラ通りとサントノーレ通りの角にある1855年創業の名門ホテル、ホテル デュ ルーブルのスウィートルームにした。ちょっぴり奮発したのは、弱気になりそうな自分を鼓舞したい気持ちがあったからだ。室内は、歴史と由緒が感じられる外観からは意外なほどモダンな雰囲気のインテリアで、窓の外には荘厳なルーブル美術館と薄暗い鉛色の空があった。

ファッションのプロフェッショナルが見たら、自分たちのつくったセーターをいったいどう思うのだろう。聡は、そう考えるとじっとしていられなくなって、意味もなく室内を歩き回っては、ふとこの1年で何度かボリビアを往復したことを思い出し、現地で出会った人たちの顔が浮かんでは消え、また別の顔が浮かんでは消えていった。ウッドウッドの知人が立ち会ってくれているとはいえ、清史がこの場にいないのは心細くてしかたなく、内心、逃げ出したくなった。

＊

結果は散々だった。確かに、売り物といえる次元にはほど遠かったのかもしれない。甘く考えていたわけではなかったけれど、それでもやっぱり落ち込んだ。ただ、3人のバイヤーたちが自分の話に真剣に耳を傾けてくれたことは本当にありがたかったし、少しだけ自信になった。しかも「そのメッセージは広く世の中に伝えていくべきだ」と自分たちの考えに賛同してくれ、そのうえ商品づくりに関するさまざまなアドヴァイスもしてくれた。ファッション業界の動向がまったくわかっていなかった聡には、そんなバイヤーの意見の一つひとつがキラキラと輝く宝石のように貴重だった。

自分たちみたいな小さなブランドのほうが、なにをやるにしても決断するのが早いはずだ。だから、トライ&エラーを繰り返して改善のスピードを上げていけば、目指す地点に早く近づけるのではないか。聡にはぼんやりと、そんな希望のかけらが見えた気がした。

その日のうちに、聡はすぐに清史に結果を報告した。それからは、周囲の意見もなるべく聞くようにした。批判ですら、ふたりにとっては宝物だった。失敗して当たり前だし、そこからどれだけ学べるかが大切だ。それに〝失敗は成功の母〟というじゃないか。

絶対に〝エシカル〟を売りにしたくない（エシカルとは倫理的、道徳上の意。エシカルファッションは、良識にかなって生産・流通されているファッションを指す）。実際はほんの一部の商品だけなのに、それを大々的に謳ってイメージアップに利用するブランドなんかと一緒にされたくないし、恵まれない人たちがかわいそうだからと思って買ってもらうのは、自分たちのポリシーに反している。第一、それだときっと長続きしない。やっぱり〝世界一〟だと誇れるアルパカセーターじゃなければダメなんだ。決してものづくりで妥協しない。ふたりは、あらためてそう誓い合った。

―再び、ボリビアへ―

2008年には清史も加わり、再び3人でボリビアを訪れることにした。清史は、本業のスケジュールを調整して2週間の休暇をとるのに苦心したものの、ボリビアでどんなことが待っているのか、行くと決めた瞬間からすでに心が躍っていた。

ところがそのころ、エボ・モラレス政権下のボリビアを反米国家だとして欧米各国が警戒心を強め、出発当日になって予約していたアメリカの航空会社が乗り入れ中止を発表する。コペンハーゲン空港から出発した聡とオスカは、清史と合流したヒースロー空港でそれを知ったものの、その時点ではまだなんとかなると思っていた。しかし、中継地のマイアミで足止めされ、空港から一歩も出られない状況になると、なにか打開策がないかと思い悩んだ末、航空券を手配してくれたデンマークにいる母親に電話をした。いま思い返せば、かなり不安げな声色だったのだと思う。母親は驚きながらもふたりにこう言った。

「ボリビアの人たちが命がけで闘っているのだから、いまこそ自分たちの目にそれを焼き付けてきなさい」と。

そうなのだ。絶対に行かなければならないのだ。3人は相談のうえ、まずは隣国のチリの首都サンティアゴを経由して、ボリビア国境近くの港湾都市アリカを目指すことにした。これまで何度もクーデターが起こっている国だ。断片的に入ってくる情報は、内戦状態だとか、大規模な封鎖デモや抗議活動、暴動が各地で起こっているだとか、物騒な話題ばかりで、これでボリビアにたどり着けなかったら、この数週間、調整のために奔走したのはなんだったのか、と清史は呆然としながら考えていた。

＊

正直、途方に暮れていた。ロンドンのヒースロー空港を出発してから、すでに1日以上が経っている。当時、チリからボリビアの国境を越える鉄道は、自然災害でレールが寸断され、さらに鉄道運営会社が倒産するなどして運転できない状態だった。それなら長距離バスだと思い、アリカに到着してすぐにバスターミナルに駆け込んでみたものの、当日分は満席のため乗れず、次の便の出発は翌日だという。ではタクシーはどうかというと、不穏な空気を発している隣の国まで、あえて行こうという気概のあるドライバーはそう簡単にいるはずもない。

そうはいっても、悠長にここで明日まで待っている時間はなかった。半ばあきらめつつ、それでも根気強く交渉を続けていると、運よく「行ってやるから、そこのホステルで待っていろ」と言うタクシーが見つかった。ともかく、そこからはじっと待つのみ。地元産のコーヒーとビールを交互に啜っては、その酔狂なドライバーの言葉を信じるしかなかった。そして、時計の長針が3回転したころ、もうひとりの交代要員のドライバーを連れて戻ってきた。

前の席にドライバーのふたりが腰かけ、後部座席に聡と清史とオスカの3人が並ぶ。満席のタクシーが土埃を上げ、舗装もされていない道なき道を進んで行く。軽い頭痛を覚えるのはどんどん標高が上がっているせいなのか、疲れと寝不足のせいなのか、もはやわからなくなっていた。空には満天の星が輝き始め、やっと動き出した先に清史は自分たちの未来へとつながる〝なにか〟があることだけを、ただひたすら祈る思いで信じていた。

一方、カリブ海のトリニダード・トバゴやキューバを旅したことのある聡は、勢いでタクシーに乗り込んだものの、複雑な思いを抱いていた。こうした新興国のほとんどは道路灯やガードレールがないのが当たり前で、昼でも山中を走行するのはスリル満点のアドヴェンチャーのような感覚だ。そして、事故の多くは見通しの悪い夜道で起こる。そのため、日が暮れたら長距離運転は避けるのが普通だった。さらに、南米慣れしているはずのオスカが隣で顔を強ばらせているのが気になった。なにか言いたそうだけれど、言い出せないでいる。どこかピリピリとした雰囲気が漂っていた。

狭い車内での移動は身体的な苦痛をともない、クッションが不十分な真ん中のシートに座ると数時間で尾骶骨《びていこつ》が悲鳴をあげた。そのため、途中、何度も席替えをしなければならず、たびたび停車することになった。カーヴではタイヤが軋み、未舗装の道では横滑りする。水溜まり、ぬかるみの多い悪路では、眠ることすらできなかった。険しい坂道の多い

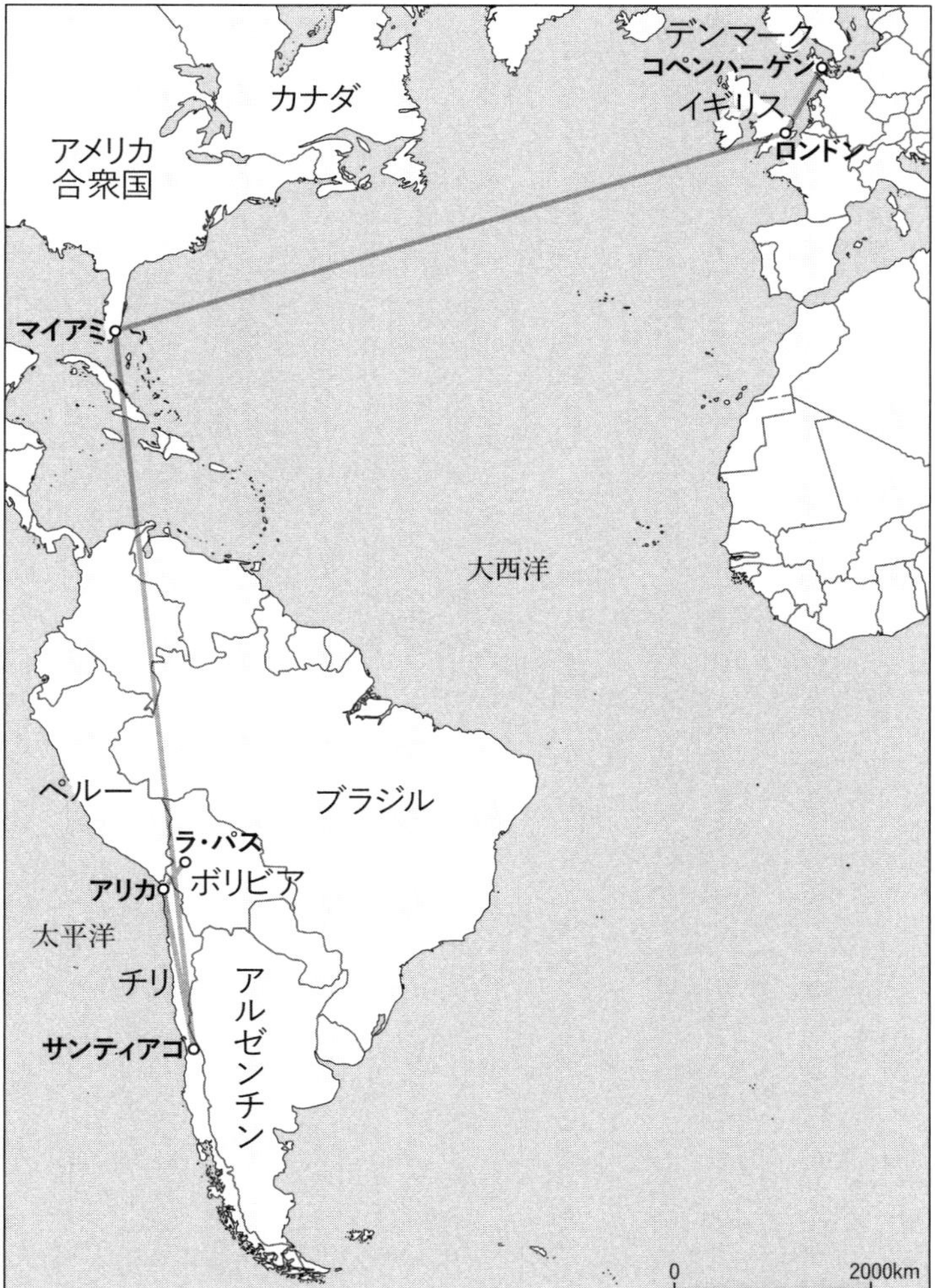
デンマーク
コペンハーゲン
イギリス
ロンドン
カナダ
アメリカ合衆国
マイアミ
大西洋
ブラジル
ペルー
ラ・パス
ボリビア
アリカ
太平洋
チリ
アルゼンチン
サンティアゴ
0
2000km

アンデス高地では断崖絶壁を走る道も多く、道幅は狭いところで3メートルほど。もちろんガードレールなどあるはずもなく、ところどころに転落事故の目印ともいえる十字架が並んでいた。

そして暗闇に目が慣れてくると、その斜面にはいくつかの小さな集落が点在していることがわかった。そのなかのひとつにタクシーが分け入ろうとしたときには、夜もそうとう深くなっていた。オスカはその瞬間、心臓が跳ね、手や額から汗が噴き出した。

中南米ではタクシーが絶対に安全だとは限らない。突然、銃で脅して強盗になるケースもあるし、しかもドライバーはふたり組だ。仲間が乗り込んできたらひとたまりもない。オスカは乗車以来、ずっとそうした不安が頭から離れなかった。目を凝らして見ると、ドライバーがタクシーを停めようとしているのは小さな民家のようだった。オスカはおののき、気がつくといつでも逃げ出せるように、車内のドアノブにひとり手をかけていた。車がするすると粗末な建物に近づいていく。その間、数秒……。オスカの緊張は最高潮に達した。

だが、それは小さなガソリン販売店だった。オスカは、自分の体が溶けていくかのような脱力感に襲われた。その脱力感には、これまでの不安と戸惑い、安堵のほかに、ドライバーを信用していなかった自責の念も含まれていた。そして、その後、南米でのこれまでの過去を振り返り、自分がNGOで経験した虚無の深さは、相手を信じる力が足りなかったせいかもしれないという結論に達し、あらためて言葉を失った。

ドライバーのひとりが車から降りて、隣接する家の扉をドンドンと叩く。ぐっすりと眠っていたのだろう。目をこすりながら出てきた店主は、それでも嫌な顔ひとつせずにタクシーのガソリンを満タンにして、さらに予備分をポリタンクに入れてトランクまで運んでくれた。

―タクシーでの国境越え―

標高4500メートルを超えるところにあるイミグレーションに到着したときには、明け方近くになっていた。チリ側のイミグレーションは、ラウカ国立公園内の世界最高度の不凍湖として知られるチュンガラ湖のそばにある。周囲には雪を抱いた6000メートル級の山が見え、そこから太陽がゆっくりと昇ってくる様子は壮観だった。ただし、驚きの光景はほかにもあった。イミグレーションのゲートは24時間通行できるわけではなく、そこには両国を行き来する輸送トラックが長蛇の列をなしていた。そして、その先は果てしなく遠くに感じられた。

チリの出国審査が終わっても、しばらく行ったところにまたボリビア側のイミグレーションがあり、入国審査を待つ車の最後尾に並ぶ。そこで、ドライバーのふたりがタクシーに装着していたチリの国旗を外し、〝チョーヨ〟と呼ばれるアンデス地方の伝統的な耳当て付きのニット帽をかぶった。彼らも必死だったのだ。ボリビア国内の情勢がわからない状況では、できるだけ地元民のように振る舞い、周囲の警戒心を解くことが必要だった。

案の定、トラックの行列に並んでいると、銃をもった警備兵が近づいてきた。ほとんどが輸送トラックの行列に紛れ込んだ一台のタクシーは、明らかに怪しい存在だったのだろう。ボリビアでは先住民たちが高山病を防ぐためにコカの葉をかむ習慣があり、少量の生産は合法とされる。しかし、南米諸国にまたがる麻薬組織によるコカイン生産や密輸が横行していることもあり、入国審査はことのほか厳しい。時期が時期だったせいもあったのかもしれない。ボリビア国境には軍隊のようなフル装備の警備兵たちが待ち構えていた。

車から降りるように促され、そこでオスカが流暢なスペイン語でやりとりを始める。ドライバーのふたりは足下を見つめながら、小刻みに震えていた。聡と清史も身ぶり手ぶりを加えて「アンデス地方のアルパカでビジネスをするためにやってきた」と懸命に訴える。時間にして数分だったはずなのに、とてつもなく長い時間に感じられた。

そして突然、屈強な警備兵の顔に微笑みが浮かんだ瞬間、信じられないことが起こる。彼は「アンデスのアルパカの素晴らしさを、世界中に広めてくれ」と言い、その場で部下を呼び、優先的に入国できるように手配してくれたのだ。目の前に並んでいた50台近くのトラックが、自分たちが乗ったタクシーのために一斉に道を開けていく。まるで映画のワンシーンのような光景だった。

空はどこまでも青く、空気は澄みきって、まるで水のように流れていた。緊張に次ぐ緊張。そして、この目を疑うような奇跡に、3人はジリジリとした気持ちから解放され、途端に睡魔が襲ってくるのを感じていた。清史が横を向くと、聡も、オスカも、シートに深く腰かけ、黙って目をつむっていた。

すり鉢状の地形のなかに茶色い屋根の家々がびっしりと連なるラ・パスの街並みが見え

てきたころには、アリカを出ておよそ16時間が過ぎていた。タクシーは緩やかな坂道を下っていき、その底にあたる中心部へと進んでいく。ほどなくして予約していたホテルの前に到着し、土埃で真っ黒に汚れたチリナンバーのタクシーがエントランスの正面にゆっくりと停まった。そのとき、迎えに出てきたポーターのぎょっとした顔は、いまでも忘れられない。そしてドライバーたちと別れのハグをした途端、熱いものが込み上げてきた。顔を上げると、みんなの頬に涙が伝っていた。かつて経験したことのないほど大変な旅の始まりは、いつしか5人に奇妙な連帯感を生んでいた。

ヒースロー空港を出発してから、ほぼ丸2日かけてのチェックインだった。

母の記憶 ― A mother's memory ― 井上さつき

井上聡と清史はどのように生まれ育ったのか？
ふたりの本質を誰よりも知る母・さつきが、
デンマークでの幼少期から青年期までの
印象的なエピソードを綴る。
「ザ・イノウエ・ブラザーズ」の活動に
至るまでの萌芽がここに。

聡の誕生

1978年5月24日、井上睦夫とわたしの第二子が生まれ、「井上カスパー聡」と命名した。当時のデンマークは、日本名だけでは住民登録できない時代だった。

〝第二子〟というのは、その前年の夏、わたしたち家族は交通事故に遭い、長男・伸作を失っていたからだ。まだ生後3カ月半だった伸作は、手術後一旦は回復したものの、〝老人が静かに息を引き取るように〟事故後3日目に短い生涯を閉じた。

わたしたち夫婦はその後、決してお互いを責めないことを約束し、励まし合った。次の子どもを授かることだけが希望であり、前に進む理由だった。

そして翌年、元気な男の子が誕生した。初めのころは受け入れてくれる保育所が見つからず、日本から母に手伝いにきてもらいながら、なんとかやりくりした。わたしは日本の大学を卒業後、デンマークに語学留学し、そのままコペンハーゲンで日本航空に就職して働いていたため、仕事と育児の両立で大忙しの毎日だった。

聡の誕生から2年後、住んでいたフレデリックスベアで有名な保育ママの「ムーセ」に聡を預かってもらえることになった。本当は午後5時までの約束だったが、彼女はわたしの事情をよく理解し、いつも15分遅刻してしまうのを許してくれた。

迎えに行くと、お膝にちょこんと座った聡に、ムーセは絵本を読んでくれていた。聡が最初に覚えたデンマーク語が「ビール」(飲み物のビールではなく、デンマーク語で〝自動車〟のこと)だった。よく窓から外を見ながら、走る車を見て喜んでいたそうだ。

睦夫さんはガラス工芸のパイオニアとして、名実ともに伸び盛りの時期だった。自らの工房で自らの手でガラス作品をつくるスタジオグラスの道に入って7年目を迎えるころ、師匠のフィン・リンガードさんが自分の故郷でその活動を広めたいという夢を抱き、それを実現したいと言い出した。そして睦夫さんにも、ぜひ付いてきてほしいと懇願したのだ。わたしはコペンハーゲンで会社勤めをしていたため、一緒に引っ越すわけにはいかなかった。新たな土地でガラスの窯をつくり、工房に併設して店舗も構える予定なので、「1年は別居を覚悟してほしい」と睦夫さんは言った。

「1年かぁ。最後の御礼奉公とするか」と呟く睦夫さんに、わたしは「そうね。聡も2歳でお利口さんだし、あまり手もかからないし、まぁ1年だけなら離れて生活しても大丈夫かな」と答え、最後は笑顔で送り出した。

ユトランド半島にあるフィン先生の故郷は、コペンハーゲンからはバスとフェリーを乗り継いで約5時間かかり、交通費もバカにならなかった。睦夫さんは最初の4カ月はまったくコペンハーゲンに帰れなかったため、わたしは聡とふたりで生活した。寂しかったけれど、決して辛くはなかった。彼がわたしたちのことを想っていることが、手に取るように感じられたからだ。

睦夫さんがようやく帰宅できたとき、聡は玄関先に立っている父親の胸に飛び込んで行かなかった。わたしの後ろに隠れてなかなか用心深く、「この人は誰?」といった感じで睦夫さんのことをじっと見つめていた。しかし少し経つと、子どもは遊んでくれるお父さんにすぐになつくのだった。

「これきれいでしょう。面白いよね。美味しいね」と父親に話しかけている。「あっ、女言葉をしゃべっている!」「これからは毎日、聡に男言葉で話してほしい。約束してくれ」と睦夫さん。「そんなことを言われても」と思ったけれど、わたしはすぐに実行に移した。「そうだろう」「ダメだぞ」「危ないぞ」などなど……。すると職場で、「さつき、どうしたの? 随分と語調がきついし、声がかなり低音になっているようだけど」と、同僚たちから指摘されたりもした。

1年の御礼奉公が過ぎると、一切の未練なく睦夫さんは我が家に帰ってきた。そして、スタジオグラス作家としての実力が認められ、すぐに１８２５年創業の歴史と伝統あるガラスブランド、ホルムガードで専属デザイナーの仕事が決まった。１９８１年の４月のことだった。

清史の誕生

清史が生まれる前、金曜日の仕事の終わりに会社の上司に妊娠したことを報告すると、「えっ、またですか？」という返事が帰ってきた。わたしは意気消沈して、帰宅してから睦夫さんにそのことを伝えた。「僕たちの子どもの誕生を、ひとりでも歓迎しない人がいたら、生まれてくる子どもがかわいそうだ。この週末に上司の気持ちを変えさせる方法を考えなければ……。ふたりで頑張ろう」と彼は言った。

月曜日の朝、総務課の金庫を開けていたら、上司がわたしの肩をポンと叩いて「金曜日はすまなかった」と詫び、小さな箱を手渡された。箱を開けると、中にはロイヤル コペンハーゲンのブローチが入っていた。上司も週末、反省したのだろう。

3度目の出産のときも、これまで同様にぎりぎりまで働いた。産休の18週間を有効に使うためだった。休みに入る最後の金曜日に早退して、母と睦夫さんと映画を観に行き、日曜日に出産した。このときは母に日本から来てもらっていた。

そして１９８０年12月14日、男の子が無事生まれた。「井上ヤコブ清史」と命名した。

清史は体があまり丈夫でなく、小児喘息を患っていた。国民学校（日本の小学校と中学校に当たる9年間の義務教育。デンマークでは〝フォルケスコーレ〟と呼ばれる）5年生になるまで、学校の恒例行事の5キロメートルマラソンには一度も参加できず、医者からは喘息は成長とともに消えていくから大丈夫だとは言われていたが、不憫であった。ある日、医者から「いま研究している新薬があるけど、試してみないか」と聞かれると、清史は「僕の体でよかったら、使ってください」と即座に答えた。わたしが予想もしていなかった反応だった。その後、ローラースケート大会で4位になったり、電車に乗り遅れそうになったらスケートボードで走ったり、少年時代はまるで喘息と闘うように成長していった。

清史が2年生のとき、担任の国語の先生から相談があるからと学校に呼び出されたことがある。相談とは、清史のデンマーク語の上達が遅れているようなので、自宅でもデンマーク語で会話してほしい、とのことだった。でも、日本人のわたしたちが自宅でデンマーク語を話したら、ますます清史のデンマーク語が悪くなる。そう言って、きっぱり断った。その結果、清史はデンマーク語の特別レッスンを受けることになった。特別教室にはもうひとりデンマーク人の子どもがいて、ふたりは1年間、基本の〝き〟からデンマーク語をみっちり学んだ。デンマーク語には母音そのものと、それに似た半母音を合わせると22種類もある。母音の数が多ければ多いほど言葉を覚えるのが遅くなる、とデンマーク語の研究者も述べている。

あの当時は、特別授業を受けることでクラスのみんなからバカにされたり、劣等感をもったりしないだろうかと心配したが、清史とそのもうひとりの子どもはとてもうれしそうに授業に出席し、次第に仲よくなっていった。生徒数が少ないこともあってか、デンマークの国民学校は非常に親切に国語に取り組んでくれた。そしてあのときの特別レッスンのおかげで、きちんとしたデンマーク語の基礎が身についたと清史はいまでも感謝している。

我が家で日本語に固執したのは、まったくのわたしのエゴだった。日本にいる家族はデンマーク語がわからないどころか、英語の知識もほとんどない。たとえ、わたしが50年間デンマークに住んだとしても、母語の日本語のようにはデンマーク語は話せないが、日本語を子どもたちに教えれば、日本にいる家族との会話もスムーズにできるようになる。それに、子どもたちと心からわかり合えると感じられる言葉が日本語だった。

でも、その考えはやっぱり間違っていなかった。いまは孫たちにしっかりと日本語を伝えていくことが、わたしの大事な仕事だと思っている。

ふたりの羅針盤

WORDS OF INSPIRATION

聡と清史を支え、鼓舞し、
挫折を乗り越える力をくれたのは、
名だたる偉人たちの魂の声だった。
ふたりの人生において
インスピレーションを受けた
言葉の数々を紹介する。

不可能とは、自らの力で世界を切り拓くことを
放棄した臆病者の言葉だ。
不可能とは、現状に甘んじるための言い訳にすぎない。
不可能とは、事実ですらなく先入観だ。
不可能とは、誰かに決めつけられることではない。
不可能とは、可能性だ。
不可能とは、通過点だ。
不可能なんて、ありえない。

Impossible is just a big word thrown around by small men
who find it easier to live in the world
they've been given than to explore the power they have to change it.
Impossible is not a fact. It's an opinion.
Impossible is not a declaration. It's a dare.
Impossible is potential.
Impossible is temporary.
Impossible is nothing.

モハメド・アリ Muhammad Ali（1942-2016）
米国ケンタッキー州出身。旧名はカシアス・クレイ。1960 年のローマ五輪ボクシングライトヘビー級金メダリスト。プロ転向後、ヘビー級タイトル獲得。直後にリングネームをムスリム名に改める。ベトナム戦争への徴兵を拒否するなど、アメリカの差別社会に反抗した黒人解放運動の象徴的存在。

第2章

ソーシャル・アントレプレナーの苦悩

貧困や教育、保健医療、環境保全など、世界はいま、さまざまな問題に直面している。それぞれの地域の事情もあれば、国によって価値観が違うのは当然だ。しかし、その壁を突破していける人間がいなければ、真のイノヴェイションは生まれてこない。〝ソーシャル・アントレプレナー〟とは、よりよい未来をつくるために、フリーハンドで動き回り、いろんな人たちと連携して、課題の解決に取り組んでいる人たちのことを指す。既存の枠組みを超えたユニークな発想で、システムを変え、自らのビジネスで世の中を正しい方向へと導く。まだ見ぬ世界の実現に向けて、社会を変える起爆剤となることが、彼らが自らに課すミッションだ。井上兄弟が選んだのは、そんな生き方だった。

―〝ボランティア〟の限界―

ボリビアに入って驚いたのは、思った以上に平穏で、内戦状態だと聞いていたのが嘘みたいなことだった。先住民の血をひく人たちが人口の90パーセント近くを占める国なのにもかかわらず、この国では19世紀初めに独立してからも一部の白人支配層が政権を掌握していた。さらに、1960年代末にチェ・ゲバラが死亡したゲリラ闘争後、権力を握ったのはそのほとんどがアメリカ寄りの指導者たちで、常に外圧にコントロールされてきた歴史がある。

街の中心部では、古いハイエースなどを利用したミニバスがひっきりなしに走っていて、車体には日本の旅館などの名前がそのまま書いてあった。古くなった日本車が地球の反対側の坂道だらけの街を、定員オーバーで走っている姿を見るのは、なんとも不思議な気分だった。街は活気に溢れ、朝早くから夜遅くまで多くの人々が通りを行き交っている。この日もホテル前の路上では、靴磨きの子どもたちが熱心に働いていた。それが、この国の日常の一部のように見えた。でも少し経つと、白人の大人たちがやってきて「よそへ行け」と乱暴に追い払われる。別の場所に移っても、それは同様だった。そうやって、たびたび繰り返される光景に出くわすたびに、ふたりは胸を締め付けられた。そして、大人たちの汚いものでも見るような目つきに、反吐《へど》が出るほどの不快感を覚えた。

NGOに参加していたオスカ・イェンスィーニュスは、これまでの経験を通じて〝ボランティア〟の限界を感じていた。あらかじめ期間が定まっている自立支援プログラムでは、いくらそれを実行したとしても、期限が過ぎてスタッフが立ち去ると、いつの間にか元の状況に戻ってしまう。その後、使い道を失い、放置されることになった施設などの建物を目にするたびに、やるせない気持ちになった。

なんのためのボランティアなのか。自問自答を繰り返した。根本的な解決になっていないというもどかしさや無力感があったからこそ、井上兄弟に希望を託したいと思い、今回の案内役を買って出た。そして、ふたりにアンデスの地でアルパカとともに生きる人たちの暮らしぶりを知ってもらうのが、この旅の大きな目的だった。

＊

翌日から、3人はあちこち精力的に歩きまわった。まずはサガルナガ通りの土産物店をいくつかまわって、清史にもアルパカ製品の現状を把握してもらい、前年にオスカの紹介で取引するようになったラ・パス市内のニット工場と小さな工房を訪れた。そこで、ふたりが「世界一のアルパカセーターをつくって、アンデス地方で暮らす人たちの力になりたい」と言うと、みんな熱心に耳を傾けてくれた。ただ、オスカもファッションに関してはまったくの素人だ。土産物店の一軒で目に留まったスカーフを「どこでつくっているのか?」と聞き、別の工房にも行ってみることにした。

その工房はラ・パス郊外のエル・アルトという街にあるという。エル・アルトへの移動はラ・パスから〝ミクロ〟と呼ばれるミニバンのような乗合バスを利用した。車内は地元の人たちでびっしりと混雑していて、スペイン語と聞いたことのないローカルな言葉が飛び交っていた。

ラ・パスから車で30分ほどの場所にあるエル・アルトは、世界でもっとも標高の高い都市のひとつで、ラ・パス都市圏の一部を形成する高原平野にある。ラ・パス市街はすり鉢状に広がる街の谷底の部分で、比較的天候も安定しているため、白人富裕層が多く住みついているが、そのベッドタウンとして山頂に向かって発展したエル・アルトは、夏でも最高気温が17度ほどの寒冷地。結果的にラ・パスよりも貧困層が多く、人口のほとんどを先住民であるアイマラ族とケチュア族の子孫たちが占めている。アルパカ製品をつくっている工房は、その〝シャンティタウン（貧民街）〟と呼ばれる場所にあった。家屋の密集度は相当なもので、上へ行くほど貧しい人々が住んでおり、その範囲は日に日に拡大しているという。ラ・パス市街で目にした富裕層が住む高級住宅地とはまるで雲泥の差。これが同じ国だとは思えないほどの風景が、そこには広がっていた。

このへんでは数家族が共同で工房を構え、つくった商品を近所の市場やラ・パスのような大都会で売って生計を立てている人たちが多い。工房といっても、実際は柱にトタン屋根が載っただけの粗末なつくりで、ヨーロッパのそれとは違うまったくの別世界だ。見るからに貧しい彼らは、今日を生きるために、それを生業《なりわい》としている。でも、その姿は力強く、美しかった。そして、みんな驚くほど親切だった。

ただ、〝明日より今日〟という発想は、生き延びるためというポジティヴな一面があるものの、他方ではこうした貧困地域に共通する、将来展望が描けない状況をも示している。そして、それが自分の宿命だとあきらめてしまう人も少なくない。でも、それはエンパワーメント（人々に夢や希望を与え、勇気づけ、人間が本来もっている生きる力を湧き出させること）の機会が、絶対的に欠如・不足しているからだ。

ここでふたりは、彼らとも新たに取引をすることにした。少しでも多くの人たちに仕事を与えることが、この地でアルパカ産業にかかわる人たち、ひいてはアンデス高地に暮らす牧畜民たちの明日を生きる活力になるに違いないと考えたからだ。

── アルパカとともに生きる人々 ──

ボリビアは地形的な特徴から、大きくは〝アルティプラーノ〟と呼ばれるアンデス高原地帯とアンデス山脈の東麓に広がる渓谷地帯の〝エル・バリェ〟、東部平原地帯の〝オリエンテ〟の3つに分けられる。

エル・バリェ北部は〝ユンガス〟という名の高温多湿な亜熱帯気候に属する肥沃な土地で、カカオやバナナ、サトウキビ、コカなど、熱帯性作物の生産が盛んに行われている。

一方、国土の5分の3を占めるオリエンテは、熱帯雨林の原生林で覆われた北部アマゾン地方とサバンナの様相を呈する南部のチャコ地方に大別され、そのふたつに挟まれた中央部のほかは人口密度も希薄で、最近まであまり開拓の手が入らなかった。

アルパカの放牧が行われているのは、ボリビアの人口の44パーセントが集まるアルティプラーノにありながらも、都市部からは遠く離れ、荒涼とした土地が広がる〝プーナ〟という湿地帯だ。標高4000メートルを超えると木が少なくなり、作物の栽培が難しくなる。それゆえ、古くからアルパカの毛と肉を売ることが、ここで暮らす人たちが生計を立てるための主な手段となっていた。

アルパカは5000年以上前のプレ・インカの時代から、同じラクダ科のリャマとともに中央アンデス高地で牧畜民たちによって飼養されてきた。アルパカの毛や皮は、厳しい寒さのなか、半定住で暮らす彼らにとって欠かすことのできない防寒着や日用品の材料であり、一方のリャマの毛はアルパカよりも粗く品質が落ちるため、縄や荷袋の原料として利用され、主に荷役用の家畜として他地域の農民の収穫物の運搬を手伝い、その一部を報酬として受け取るなどのかたちで、人々の生活を支えてきた。

しかし、16世紀に入ってスペインからやってきたフランシスコ・ピサロによってインカ帝国が征服されると、苛烈な虐殺と略奪が始まり、それと前後してヨーロッパからもちこまれた天然痘などの伝染病の流行もあって、多くの先住民たちが命を落としたという。さらにアルパカやリャマも、コンキスタドール（征服者）たちがもちこんだ羊や山羊、牛などの家畜に駆逐され、壊滅的な打撃を受けたと伝えられている。

そうした歴史のなかで、途切れそうになった細い糸をつなぎ止めたのが、この地で暮らす人々の祖先たちだった。彼らは、寒冷を嫌うスペイン人たちから辛くも逃れ、アルパカやリャマを伴ってアンデス高地で細々と生き抜いてきたのだ。

＊

シャンティタウンの工房に立ち寄ったあと、オスカから「明日はアルパカを飼養する牧畜民たちの暮らしを見に行こう」という提案があった。そして、ペルー南部との国境にまたがるティティカカ湖周辺にまで足を伸ばすことにした。ティティカカ湖は標高３８１０メートルの高地に広がる神秘的な湖で、面積は琵琶湖の約12倍。湖には大小41ものさまざまな島が点在し、なかにはプレ・インカ時代の遺跡が残されている島もある。この湖の周りにはケチュア族とアイマラ族を祖先にもつ先住民の人たちが多く、高原地帯で家畜のアルパカやリャマを放牧しているのだという。

ラ・パスからの移動は長距離バスを使った。最初のうち道は舗装されていたものの、数時間後には砂利道に変わり、ひどい乗り心地になった。それでも車窓に、中央アンデスの6000メートル級の峰が連なる壮麗な景色が続くのが、せめてもの救いだった。出発から4時間が過ぎたころ、ボリビア側の湖畔に広がるコパカバーナの市街が見えてきた。ラ・パスから北西に158キロメートル。どこまでも青く澄んだ水をたたえるティティカカ湖の姿は、まさに絶景と呼べるものだった。

人口700人ほどの付近の中心村落までは乗合バスが出ていた。そこには、小学校や集会所、売店と食堂が数軒、小さな病院などがあった。水道やガス、電気は部分的に導入されているものの、少し離れるとまだどれも整備されていない。その村の住民は「村のほぼ全員がアルパカの牧畜に携わっている」と言った。そこからはオスカが先頭を歩き、アルパカを飼養する牧畜民たちが暮らす小さな集落へと向かった。この集落の人たちは、家族単位でそれぞれに複数の住居と放牧地をもち、その間を移動しながら生活している。しばらくすると、アンデス地方の伝統的な〝アドベ〟という日干しレンガ（土に藁クズをつき混ぜ、レンガの形に型抜きして、日に当てて干したもの）でつくった簡素な家が、ポツリポツリと見えてきた。屋根には藁をかぶせてあり、入り口からわずかに見える床は土のままだった。

このとき、ふたりは忘れられない体験をする。牧畜民のもとでアルパカの原毛に触れ、あらためてその繊維の素晴らしさを思い知るとともに、彼らの過酷な労働環境を目にしたのだ。そこには毛刈りのための道具すらもっておらず、ガラスの破片や空き缶の切れ端で代用している人たちもいた。でも、それだと毛がきれいに刈れないばかりか、大切な財産であるアルパカを傷付けてしまう恐れがある。

聞けば、アルパカ飼養に従事する牧畜民の約90パーセントが、南米一貧しいといわれるボリビアでも一、二を争う極度の貧困に苦しんでいるという。さらに、いちばん厳しい状況におかれているのは女性たちだった。夫たちが鉱山などへ出稼ぎに行かなければ生活がままならないため、アルパカ飼養にかかわる重労働を一手に引き受け、その合間に家事や育児をこなす。ただひたすら貧しい生活を強いられる毎日……。それでも笑顔を絶やさないし、子どもたちは元気に外を走り回っている。そしてなにより、たくましく生きるその姿が、聡と清史には眩しかった。

目の前の光景に衝撃を受けた。聡はその気高さに圧倒され、自分たちが当たり前だと思っていた価値観が大きく揺らぐのを感じた。世界でも裕福だといわれる国に暮らしていると、社会的に評価の高い学歴やお金を得て、いまより上の、さらにまたその上の、といった具合に、より高い水準の生活を求めることが当たり前であるかのような錯覚を覚えてしまう。なにかを手に入れれば、また別のなにかが待っていて、果てしなく続くこの欲望のサイクルは、もはや強迫観念にすら近い。でも、そんな常識のなかでこの先、何十年も生きていくのは辛くはないか。決して満たされることのない渇望感に振り回され、出口が見えないまま、他人と比較して自分が少しだけ優位にたったとしても、それにどんな意味があるのだろうか。

「僕たちって、いまの生活に麻痺していたんだろうね。いろんな国に行っても、たいして刺激を受けなかったのに、ここの人たちからは幸せのオーラがすごく伝わってくる。もしかしたら幸せって、僕たちが思い描いていたようなものとは少し違うのかもしれない」

聡の隣で、清史が白い息を吐きながら呟いた。

清史は、清史なりにショックを受けているのだろう。恵まれた環境にいると思っていた自分たちのほうが些細なことで落ち込んだり、あんまり幸せそうでなかったりする。そして好きな仕事をしていても、辛いと感じることさえある。その違いはなんなのか。頭では、幸せがお金で買えないことはわかっていたつもりでも、ここにはそんな自分たちの思い込みや、さらには自分たちの思い上がりを凌駕してしまう〝前向きな力〟があった。祖先から受け継いできた土地を守り、大切な財産であるアルパカを守る。それは、アンデス地方の伝統文化や生活様式の火を絶やしてはいけないという強い意志であり、誇りでもあった。

「彼らの崇高な生き方を、素直に認めるべきなんだよ」

聡の心の声だった。人間の息吹と信念、情熱、やさしさ、美しさ……。ここに暮らす人たちには、ふたりが忘れかけていた〝人間らしさ〟が溢れていた。それぞれの土地には歴史や風土に根差した固有の文化があって、素晴らしい生き方がある。物質的な豊かさや西洋的価値観は〝理想〟でもなければ、〝経済成長こそが幸せ〟というのも幻想だ。それが現代社会による刷り込みだということを、あらためて思い知らされた。幸せの〝かたち〟は、ひとつじゃないいし、画一化されたものであるはずもない。当時のふたりには、そんな当たり前のことですら、日常のなかで気付くことができないほど、時間にも心にも余裕がなくなっていた。

本当の豊かさや幸せとはなんなのか。そんな〝生きる力〟の根源が知りたかった。そして、こんな人たちと一緒に仕事をすることができたら、そのヒントが見つかるかもしれない、と清史は思った。

一方の聡は、遠い昔の記憶に思いを巡らせていた。常に何者であるのかを突き付けられ、思い悩んだ子ども時代……。〝自分の居場所〟を探して、なんのために生きるのか、何度も自問した。でも、ここに暮らす人たちは〝人間力〟がまるで違う。貧しくても、しっかりと日々の幸せを噛み締めて生きているじゃないか。

―アンデスの宝―

こうして聡と清史のアンデス通いが始まった。どんなに忙しくても、必ずふたりで訪れた。アルパカについての知識を深めたい、上質なアルパカをもっと魅力的なものにしたい。そんな一心で、時間を見つけては南米を旅して回った。彼らの置かれている困難な状況と、その暮らしぶりを知ってしまった以上、もう後戻りはできない。

ただ、高山病には悩まされた。頭痛、目眩《めまい》、吐き気……。標高3700メートルのラ・パスでは、到着して数時間でその症状が出始める。聡はじきに慣れるものの、清史の症状は一向に改善されず、初日はほとんどまともに出歩けない。数日間、ベッドで横になって過ごすことも珍しくなかった。それでも使命感のほうが勝っていた。毎回、覚悟を決めての南米入りだった。

オスカは相変わらず、通訳兼ガイドとして協力を惜しまなかった。ニット工場や工房など、ボリビアでの取引先の人たちも、ふたりにアルパカ繊維の奥深さを知ってもらうために、アルパカの放牧地帯や紡績工場、民族博物館など、さまざまな場所に案内してくれた。

アルパカの放牧地帯が広がる中央アンデス高地は、5~9月の乾季と10~4月の雨季に大きく分けられ、雨季に毛刈り、出産、交尾などの活動が集中する。アルパカの体長は150~175センチで、体高は80~90センチほど。年に1頭しか子どもを産まず、生後約2年で大人になる。毛刈りは年に一、二度。視察を繰り返すうちに、一頭からはだいたい3キログラムの毛が採れることがわかった。また、毛並みによって大きく2種類に分類され、毛が短く、密度の高い柔らかくて縮れた(クリンプをもった)繊維をもつほうが〝ワカヤ〟で、長くて絹のような光沢のある毛が螺旋状の房となって垂れ下がっているほうは〝スリ〟と呼ばれる。生息数が多く一般的なのはワカヤで、スリはデリケートな性質から繁殖が難しいため、毛の希少性が高いとのことだった。

その成り立ちも興味深く、北アメリカ大陸で分化を続けたラクダ科の動物の祖先が、後にアジアに移動していまのフタコブラクダやヒトコブラクダになり、南アメリカに移動したものがビキューナやグアナコに進化したという説が有力だ。そして品種改良によりグアナコを家畜化したのがリャマで、ビキューナを家畜化したのがアルパカだといわれている。

さらに調べてみると、アルパカが〝環境にやさしい〟生き物だということも判明した。餌となる草木は水分のあるところしか食べないため、草木が枯れて砂漠化を誘発するような恐れがない。しかも、足の裏に柔らかい突起物があり、移動時に土を踏み固めないため、植生にさほど影響を与えないという（カシミヤ山羊は、草木の根まで食してしまうため、砂漠化への懸念がある）。ふたりは夢中になって勉強した。そして知れば知るほど、その魅力に引き込まれていった。

アルパカの毛は繊維の中心が空洞になったユニークな構造により、ビロードのようななめらかさと、ふんわりとした柔軟な手触りが生み出される。中央アンデス高地の過酷で極端な温度差に適応するように成長するため、周囲の環境の温度に応じて体温を調節する働きがあり、アルパカセーターは暖かい室内で着ていると毛が逆立ち、寒い屋外では毛が寝るのも特徴のひとつだ。羊の毛より切れにくく、油分や水分をはじく。シワや毛玉ができにくく、臭いがつきにくい。さらに、アレルギー反応を引き起こすオイルやラノリンを含んでいないため、肌にやさしいというメリットもあるなど、想像をはるかに超えた素晴らしい繊維だった。

*

何度もアンデス地方を訪れるうちに、いろんなことを知った。アルパカを主要産業とするこの一帯では、白人支配層たちが線引きした国境は大して意味をなしておらず、先住民のケチュア族とアイマラ族の血をひく500万人以上の人たちが、ボリビアやペルー、チリなどの国をまたいで暮らしていた。男性と数人の子どもたちはスペイン語を理解できるものの、女性たちはスペイン語をほとんど話さず、ケチュア語、アイマラ語を話す。当然、英語は通じないため、コミュニケーションはほとんどがオスカ頼り。彼が同行できないときは、片言のスペイン語と笑顔を交えたボディランゲージでなんとかしのいだ。

また、遠くインカの時代から、この地に暮らす人々は太陽や月、湖、山などを神々として信仰し、生活を営んできたことも教わった。太陽神〝インティ〟や大地の女神〝パチャママ〟など、その名残りはそこかしこに感じられる。表面的にはカトリックが浸透しているように見えても、自然崇拝はいまも根強く、〝八百万《やおよろず》の神々〟がいるといわれる日本人の精神性と、どこか似通っているような気がしてちょっと親近感が湧いた。

こうしてこの地方に伝わる文化を少しずつでも理解していけたことは、ふたりにとって大きかった。彼らは、ヨーロッパからやってきた得体の知れないアジア人を温かくそのコミュニティに迎え入れ、時には「泊まっていけ」と言ってくれたり、食事をごちそうしてくれたりもした。そのたびに純真な善意に心が打たれ、懐の深さと心の豊かさのようなものを感じずにはいられなかった。

そこで肩を寄せ合いながら口にしたジャガイモとトマト、カボチャなどを煮込んだスープは、寒さで冷え切った体に染みわたり、心まで温かくなった。そして、ふたりが「美味しい」と伝えると、心底うれしそうな顔をして、自分たちの分まで差し出してくる。そこには、貧しくても相手を思いやるやさしさがあった。

資本主義が高度に発展した欧米社会では、〝自分さえよければいい〟という自分本位の考え方が蔓延している。そして、弱肉強食が当たり前の、勝ち負けがはっきりと分かれる競争社会を生き抜くためには、他人を蹴落とすことを厭わない人間も少なくない。でも、人間はひとりじゃ生きていけないし、他者を大切に思う気持ちがないと利害関係だけに振り回されたり、他人を信用できなくなったりして次第に息苦しくなってしまう。

その証拠に、「周りの人たちが喜んでいるとき、自分がいちばんうれしい」とシンプルに言える彼らのほうが素敵だし、ずっと幸せそうじゃないか。

── 挫折と葛藤の狭間で ──

ソーシャル・アントレプレナーというと聞こえはいいが、実際はいばらの道だ。生半可な覚悟じゃできないし、それでも続けてこられたのは、血を分けた兄弟と一緒だったからだ。いつ何時も、焦りや不安は容赦なくやってくるし、気持ちがブレそうになるときもある。でもそんなときは、いつも必ずもう一方が「それは違う」と言って軌道修正してくれる。常に相手の目を意識しているから、欠点がすぐ見つかるし、曲がったことは絶対にできない。お互いに感謝の言葉を口にすることは滅多になくても、信じているものや正しいと思える根本のところが同じだから、勇気をもって次の一歩を踏み出すことができた。

このプロジェクトを始めるとき、ちょっとしたアクシデントがあった。ふたりの活動に賛同したというデンマーク外務省から、諸経費のおよそ90パーセントを負担するというバックアップの申し出があったのだが、よくよく話を聞いてみると、そのうちの半分は政府が派遣する自国の職員たちの人件費に充てるのが条件だという。「そんなのは絶対におかしい」と、ある新聞社から取材を受けたとき、そう言った。そして、その記事が掲載された直後、支援の話は撤回になった。

でも、それでいいと思った。ほかからのサポートや投資が入ると自分たちのペースを守れなくなる。ゆっくりとでもいいから、ひとつずつ完璧なかたちにして前に進みたい。そのためには時間が必要だし、誰かの都合に左右されたくない。だから、自己資金だけでやっていく。ふたりがそう決めるきっかけになった。

畑違いとはいえ、聡はグラフィックデザイナーとして、清史はヘアデザイナーとしてある程度の成功を収めていたこともあり、デザインのセンスにはそれなりに自信があった。そして、目の前には、南米のアンデス地方で出合った世界最高レベルの素材がある。

それなのに、本当にうまくいかないことの連続だった。こうも失敗が続くと、いくらなんでも気が滅入る。思い通りの商品ができないばかりか、単純な発注ミスから、コミュニケーション不足による行き違い、そうかと思えば、予定していた納品スケジュールに間に合わない。しかも、売れない。最悪だ。
無理もない。いままできちんと服をつくったこともなければ、ファッション業界でのキャリアもない。経験も実績もないふたりが、「世界一のアルパカ・コレクションをつくる」と口にしたところで、最初は、つくり方もわからなければ、売り方もわからない。さらには、どこで発表したらいいのかもわからない――面白いぐらいの〝ないない〟尽くしだった。はたから見たら、地図もコンパスももたずに、大海原にボートを漕ぎ出すようなものだったのかもしれない。けれども、この無謀な冒険をいつも誰かが支えてくれた。

*

初めて満足のいくセーターができたときには、アンデス地方のアルパカと出合ってから2年近くが経っていた。とにかく、いろんな人に見てもらいたい。そう思い、ベルリンで開催される世界最大級のカジュアルファッションの合同展「ブレッド&バター」に出展したこともある。確かに活気はあったものの、これだけ多くのブランドが集まると、商品をじっくり見てもらえない。自分たちのブランドはそこに込めた魂と情熱のストーリーがいちばん大切なのに、それを伝えることがまるでできない。そんな憤りがあったのも事実だが、聡と清史が違和感を覚えたのは、一部の出展ブランドが少しでも売り上げを伸ばそうと、なりふり構わずバイヤーにすり寄っている姿だった。

大量につくって、大量に売りまくる。そんなビジネスのやり方に疑問を感じ、反旗を翻すべく「ザ・イノウエ・ブラザーズ」を立ち上げた。目まぐるしいペースで更新を繰り返す既存のファッション・システムからみれば、正反対ともいえる膨大な手間と時間がかかるやり方だ。でも、生産のスピードや量よりも、もっと大事なものがあることを伝えたかった。そんな自分たちが〝売らんかな〟の根性丸出しのブランドと同じ場所に居合わせている。そのこと自体に苛立ちを抑えられず、気持ちがざわついた。そして、1シーズン限りで出展を取り止めることにした。

意気揚々と社会貢献を謳ったところで、商品が売れなければアンデスの人たちへの利益還元もままならない。結果が出ない日々は葛藤の毎日でもあり、月日は猛スピードで過ぎていった。いちばん大切なのは、ファッションデザイナーである以前に、社会にポジティヴな影響を与える存在であること。ひとりの力でできることは、ちっぽけかもしれないけれど、それがつながり、大きな輪になっていけば、やがて社会を動かす力になる。

ただ、それがふたりの信念だとしても、人間は脆くて、弱い生き物だ。挫折が続くと逃げ出したくもなるし、神経がすり減り、情緒不安定にもなる。本業で得た資金の多くを費やさなければ成り立たない「ザ・イノウエ・ブラザーズ」の活動は、次第にふたりの大きな負担となっていった。

当時は、聡がメインで、清史がサポート役。清史は独立したてだったこともあり、本業のほうがかなりハードで時間的な余裕がまったくなく、その分、稼ぎの大半を聡に送金していた。イギリスでは、ヘアデザイナーは基本的にアーティストとみなされ、給料も歩合制のところが一般的だ。顧客が多ければ多いほど稼げる職業であり、清史は売れっ子だった。ふたりとも本業のほうは順調だったとはいえ、理想を追い求めるためのソーシャル・ビジネスは、家計にとってはもはや単なる〝金食い虫〟としかいえなくなっていた。

お金の不安は、明日への不安につながり、お互いに根拠はなくても、疑心暗鬼の気持ちが湧いてくる。過度のストレスを抱えた者同士の会話は、自然と資金繰りの話題になり、一方の声が尖れば、必ず言い争いに発展した。「お前、もっと協力的になれよ」と聡が言えば、「金は俺も出しているじゃないか」と清史が応戦する。しまいには、いつも決まって、聡が「もう、お前はやめろ。実際に手を動かしているのは俺なんだから」と言い、清史が「いや、お前こそやめろ。金の大半を出しているのは俺なんだから」と言い返す。まさに、罵詈雑言の浴びせ合いだった。苦境をなかなか抜け出せないでいる閉塞感は、ある種の焦燥感に近いものになっていた。そして、お互いに無為な愚痴や弱音を吐露してしまうと、その直後には決まって激しい自己嫌悪がやってくる。忍耐も、途切れそうになっていた。

それでも、ふたりは毎日、話し合った。電話越しでも、とにかく話して、お互いの考えをぶつけ合った。アルパカやアンデスの人たちのことはもちろん、本業のことや政治、経済、アート、音楽、スポーツ、遊びに至るまで、数分であっても、話し続けることを大切にした。そして毎月一、二回は必ず、聡が清史のいるロンドンに会いに行った。

派手なケンカをした翌日も、お互いに悪びれもせずに元通りの関係になる。それがたとえ本心とは違っていたとしても、むしろ双方望んでそういうふうに努めていたのは、まるで一緒に暮らしていた子ども時代のようでもあった。

――もっとも大切なプロジェクト――

ビジネスがなかなか軌道に乗らないのはもどかしかったものの、決して悪い話ばかりではなかった。南米のほうでは少しずつ成果が現れ始めていたし、訪れるたびに現地の人たちと信頼の絆が深まっていくのが感じられた。それよりも、なにごとにも余裕がなく、日常的に不安と希望の間を揺れ動くふたりの心が、アンデスの人たちの強さと温かさを欲していた。

アンデスに行って生きる力をもらい、ヨーロッパに戻ってもう一度、現実と向き合う。そう考えると、いちばん苦しかった時期に支えてもらっていたのは、むしろ自分たちのほうだったのかもしれない。そして、毎回のようにファッションをやりたいからではなく、この人たちと一緒に最高のものづくりをしたいからやるんだ、という初心に立ち返ることができた。

デビュー2年目には、ふたりにとって特別なプロジェクトが立ち上がった。聡と清史が〝プロフェッショナルマザー〟と呼ぶ、すべて手編みのコレクションだ。

この地に暮らす手編みを専門にしている女性たちは、妊娠すると工場から解雇されてしまうケースがほとんどだ。工場側からみれば、妊娠中に余計な給与を支払いたくないし、子どもが生まれたら、今度は育児に追われて、きちんと仕事ができなくなる状況を嫌ってしまう。みんなが貧しいこの地方では、それが当然だった。でも、辞めさせられた女性のなかには、すごく技術があるのに仕事そのものがなくなってしまう人がたくさんいた。

聡と清史は、そうした女性たちを集めてくれるネットワークと幸運にも巡り合うことができた。そこには手編みの仕事を女性たちが自宅でできるようにした仕組みがあり、彼女たちは子どもの面倒を見ながら、家事をやりながら、時間があるときに編むことができて、給与もきちんと支払われる。ふたりは、この素晴らしい取り組みを知り、すぐになにか一緒にやりたいと思った。

いままでいちばん苦労してきた女性たちが、自分たちのプロジェクトを通して仕事を得ることができるなんて、こんなにうれしいことはない。手編みだから、どうしても高額になってしまうため、全体のコレクションからみればほんの一部でしかないけれど、ふたりの〝プロフェッショナルマザー〟に対する思い入れは相当強い。そして、このネットワークとの協力関係はいまでも継続しており、少しずつでもずっと続けていきたいと考えている。

幼い息子たちの闘い

聡と清史が国民学校に通っていた当時は、外国人がクラスにほとんどいない時代だった。わたしたちが住んでいた地域は環境がよく、人種差別もほとんど感じることがなかった。しかし、周りの子どもたちと姿形がまったく違う息子たちは、わたしが知らないところで、差別やいじめのような目に遭うことも少なくなかったようだ。

上の息子・聡は周りに勉強で勝とうと決めていたらしい。保身のためだったが、そのおかげで担任の先生からは褒められることはあっても、学校に呼び出されることは一度もなかった。一方の清史は、勉強嫌いだったこともあり、兄とは別の保身術を身につけた。それは、ケンカが強いと周囲の子どもたちに思わせることだった。父親からは「絶対に自分からは手を出すな。相手が先に手を出すまでは待つんだぞ」と言われ、それを最後まで守り通していたようだが、決して腕っ節が強いわけではなく、習ってもいない空手の〝型〟を真似るのが上手なだけだった。

ある日、清史の担任の先生から、自宅に電話があった。「ヤコブが上級生とケンカをして、相手の顔面から血が出る騒ぎになった」と。息子たちの名前は、デンマーク名がついていないと住民登録できなかった時代だったので、「井上カスパー聡」と「井上ヤコブ清史」だった。国民学校の9年生までは〝カスパー〟と〝ヤコブ〟で呼ばれていて、日本名を使い始めたのは高校生になってからだ。わたしは「わかりました。では、息子に経緯をよく確認してからご連絡します」と言い、電話を切った。

清史に事情を聞いてみると「仲のいい友人が上級生に囲まれていじめられていると、クラスの子が慌てて僕のところにそれを伝えにきたんだ。その友人は上級生にボコボコにされていて、僕がやめさせようと間に入ったんだけど、どうにもならなくて振り回した拳がたまたま上級生の鼻に当たってさ。それで鼻血が出ちゃったんだよ」と言う。「そうだったの。君は偉い。ちっとも悪くないじゃない。先生に電話するね」。

清史が友人思いのやさしい子に成長してくれて、それも自分より大きな上級生に立ち向かう勇気をもつ子に育ってくれて、わたしはちょっぴりうれしかった。もちろん、暴力はよくないけどね。

清史とミシン

清史が6年生のとき、家庭科と技術科の選択授業があり、清史は男子生徒でひとりだけ家庭科を選んだ。

わたしは、聡にも清史にもお小遣いをあげたことがない。というか、あげられなかったのだ。睦夫さんが44歳という若さで病に冒され、亡くなってからは、わたしひとりの稼ぎで生活しないといけなかったから、ほかの家庭のような余裕などなかった。そのため、洋服は日本の親戚からのお下がりがほとんどだった。素敵なものばかりだったけれど、さすがに12歳にもなると、自分の好みが芽生え始めてきて、なんでもいいというわけにはいかなくなる。

清史が家庭科を選んだのは、自分で服をつくりたかったからだった。新品を母親に「買って」とは頼めない。それゆえ、洋裁の授業は真面目に取り組んでいたようだ。

ミシンが必要になったとき、買えないで困っていたら、クラスの友人が古いミシンを貸してくれた。当時、憧れの〝電動〟ミシンだった。清史は、それを実にこまめに使いこなし、自分のパンツをせっせと縫った。ある日、家庭科の先生から「既製品を真似るだけでなく、自分で考えたオリジナルの洋服をつくってみたらどう?」と言われ、「それもそうだ」と、デザインの面白さに開眼することとなった。それからは友人にパンツを縫ってあげたり、シャツを縫ってあげたりして、ミシンの腕前をぐんぐん上げていった。

清史が、友人の寸法を測っているところに出くわしたことがある。体に型紙を当てて裁断していた最中だった。

「清史、そのやり方は誰に習ったの?」

「誰にも習っていないよ。パターンが引けないから、こうするのがいちばん簡単なんだ」

「清史、すごいよ。そのやり方は有名なファッションデザイナー、ピエール・カルダンが最初に考え出したものだよ」

わたしは以前、『日本経済新聞』の連載「私の履歴書」でピエール・カルダンを紹介した記事を読んだことがあり、そこに書いてあった内容を覚えていた。その後、清史はいくつもオリジナルのパンツやシャツをつくっては友人たちに販売し、お小遣いを稼いだようだった。そして、国民学校を卒業するときに、そのミシンは友人に返却した。

体格が大きくなり、自分がデザインしたシャツが着られなくなったら、清史はそれをさっさと処分してしまった。わたしが保管しておけばよかったと、いま考えると悔やまれてならない。

ふたりの羅針盤

WORDS OF INSPIRATION

あなたがこの世で見たいと願う変化に、
あなた自身がなりなさい。
You must be the change you wish to see in the world.

弱い者ほど相手を許すことができない。
許すということは、強さの証だ。
The weak can never forgive.
Forgiveness is the attribute of the strong.

強さとは、身体能力ではなく、
不屈の精神から生まれるものだ。
Strength does not come from physical capacity.
It comes from an indomitable will.

よい人間とは、すべての生き物の友人である。
The good man is the friend of all living things.

マハトマ・ガンディー Mahatma Gandhi（1869-1948）
英国領インド・グジャラート州出身の政治指導者、宗教家、弁護士。インド独立の父。南アフリカで弁護士をするかたわら公民権運動に参加し、帰国後は「非暴力・不服従」の思想を掲げ、イギリスからの独立運動を主導。その平和主義的手法はキング牧師やダライ・ラマ14世など世界中の指導者に大きな影響を与えた。

第3章

差し込んだ希望の光

なにかが動き始めていた。風向きが少し変わったような気がした。いろんな人たちのサポートで、ファッション業界にも知り合いが増えた。まだまだわからないことだらけだったけれど、少しずつその輪が広がっていくのを感じていた。応援してくれる人が増えるのはうれしい反面、プレッシャーにもなる。成功のきっかけさえもつかめないまま、みんなの期待を背負うのは、正直、苦痛に感じることもあった。もちろん、いつも有言実行でありたいと思う。でも、そうはいってもたまに弱気が顔を出す。本音のところでは周りに勇ましいことを言って、自分たちを追い込んでいたのも事実だった。そうありたい理想の自分と、地を這うような現実の自分。兄弟ふたりでいつもそれを話し合っては、お互いの気持ちを奮い立たせていた。

― スカンジナヴィア・デザインへの憧れ ―

ふたりは〝スカンジナヴィア・デザイン〟から多大な影響を受けている。これは〝北欧デザイン〟ともいわれ、ヨーロッパ北部に位置するスウェーデン、ノルウェー、デンマーク、フィンランドとアイスランドを起源とする家具や照明をはじめとするデザインスタイルのことをいう。

コーア・クリント、ポール・ヘニングセン、アルネ・ヤコブセン、フィン・ユール、ハンス・J・ウェグナー、ヴェルナー・パントン……。彼らはすべて生まれ故郷のデンマークが生んだデザイン界の巨匠だ。〝より使いやすく、より美しい日用品を〟。そんなスローガンのもと、20世紀初めに北欧諸国で起こったデザイン運動は、長く寒い冬と日照時間が短い環境に置かれる自然や気候にも関係している。室内で過ごす時間が多いため、飽きのこないシンプルなデザイン、機能的で長く愛用できる実用性を兼ね備えたものが多く、独自の温かみや色合い、光の使い方を特徴としている。

当時のヨーロッパでは、ヴァルター・グロピウスやル・コルビュジエなどによって提唱された機能主義が大きな流れになっていた。しかし1920年代、デンマークの若手デザイナーたちはこうしたバウハウス派の人たちとは同じ道を歩まず、理念としての機能主義よりも、デザインをより現実的な社会と結び付けようとした。スカンジナヴィア・デザインのなかでも〝デニッシュ・モダン〟と呼ばれるデンマークのスタイルが確立される黎明期のことだ。彼らは使い勝手と美しさ、生活をデザインとして関連付け、家具の世界ではまだ〝人間工学〟という言葉すらない時代に、人間の体や動作に必要な寸法を測定し、人間側からの条件を家具のデザインにもち込んだのだ。

ふたりは、そうしたスカンジナヴィア・デザインの原点ともいえるフィロソフィーに憧れた。なかでも、デニッシュ・モダンは大衆のためのヒューマニズムがデザインの根底にあり、その思想にも感化された。ただ、そんな崇高な理念をもって生まれたはずの家具や照明が、いまでは緻密なマーケティング戦略により、高級ブランドとして世界に向けて発信されているのには反発を覚えてしまう。そして、憧れだったデニッシュ・モダンがフィロソフィーの啓発よりも、拡大成長を目指すビジネスに利用されていることにも次第にフラストレーションが溜まっていった。

だからこそ、デニッシュ・モダンが本来もっていたフィロソフィーを取り戻したいと思った。聡と清史が「ザ・イノウエ・ブラザーズ」のデザインを〝Scandinasian（スカンジナジアン）〟と呼ぶのは、そんな北欧のデザインスタイルから受けた影響と、日本人の繊細さを混ぜ合わせた感性が、彼らのルーツになっているからだ。

建築家であり、家具デザイナーとして有名なアルネ・ヤコブセンは、かつて「不安がなくなったら、デザイナーとしておしまいだ」と語ったという。その言葉に、どれだけふたりは励まされたことか。ヤコブセンほどの巨匠でも、不安は常につきまとい、それを斬新なクリエイションに変換してきた。究極といえるほどに無駄を削ぎ落とし、機能美を追求した彼のデザインには、いつも使い手のことを第一に考える視点があった。そして、親しみやすさと温かみがあった。

不安はあって当たり前。そう考えれば、周囲から素直に学ぼうという気持ちにもなるし、誰にでもオープンになれる。アンデス地方の人たちに対してもそう。助けてあげるのではなく、常に教えてほしいという姿勢で接しているから、ふたりは相手の懐の奥深くまで入っていけた。あとは、どれだけみんなが喜んでくれるものをつくれるか。アルネ・ヤコブセンの名前は知らなくても、名作椅子の〝アントチェア〟や〝エッグチェア〟は、誰もが一度は目にしたことがあるはずだ。

「ザ・イノウエ・ブラザーズ」の名前が世界的にならなくたって構わない。でも、ヤコブセンの作品を見て北欧デザインに興味をもつ人たちが増えたように、自分たちのアルパカセーターをきっかけにして中央アンデス高地に暮らす先住民たちのことをもっと知ってもらいたい。そんなポジティヴなメッセージを世の中に発信し続けるデザイナーでありたいと思う。

―ドーバー ストリート マーケットの衝撃―

ふたりが「ザ・イノウエ・ブラザーズ」を始めたころのロンドンは、2004年に〝ドーバー ストリート マーケット〟がオープンして以来、その話題でもちきりだった。世界的に有名で、しかも日本のコムデ ギャルソン社が運営するセレクトショップとあれば、聡と清史にとって気にならないわけがない。ブランドが成長してグローバル企業になったいまでも、インディー精神を失わず、いつもファッションを通して社会に対する反骨のメッセージを投げかけてくる。まさしく憧れの存在だった。

〝Beautiful Chaos（美しい混沌）〟をコンセプトにした店内は、ブランドの垣根を取り払い、ラグジュアリーとストリート、メンズとウィメンズの区分けも一切ない。さまざまな文化や人種が混じり合うことでカオスな空気が生まれるように、ドーバー ストリート マーケットではそれぞれ強い価値観をもったデザイナーやアーティストが入り交じり、〝美しい混沌〟に満ちた空間をつくっていた。

アンデス地方でアルパカのコレクションをつくり始めたとき、この店に自分たちの商品が並んでいる様子を想像してみた。考えただけで、心臓がドキドキと高鳴った。しかも、ここには世界中のファッション関係者が足繁く通っては、なにを扱っているのかをリサーチしていく。地元のロンドナーだけではなく、海外からわざわざ訪れる観光客も多い。ふたりにとっては、世界へ向けたショーケースとして絶対的な場所であり、ドーバー ストリート マーケットで取り扱われることは「ザ・イノウエ・ブラザーズ」が目指すベンチマークのひとつだった。

清史が共同経営するヘアサロンの顧客には、ファッション業界で働く人たちも少なくなかった。有名ショップのバイヤーにアポイントメントを取って自分たちのコレクションを見せに行ったところで、そんなに多くの時間はもらえない。でも、清史のサロンでなら、カットをしている45分間は話を聞いてもらえる。

そのなかに、ドーバー ストリート マーケットの名物スタッフとして名を馳せる黒人ふたり組のトレバー・グリフィスとフォーデ・シラがいた。しかも、トレバーは過去にヴィダルサスーンのサロンモデルをしていた経験があり、清史とは旧知の仲だった。細い糸を手繰り寄せるようにして、彼からバイヤーを紹介してもらい、聡と一緒にアルパカセーターを抱えてドーバー ストリート マーケットまで押しかけたこともある。やっと見てもらうことができたものの、取り扱いには至らなかった。それでも、自分たちの存在を知ってもらっただけで満足だった。

いま思えば、デビュー当初の「ザ・イノウエ・ブラザーズ」のコレクションは、かなり手の込んだハンドクラフトのセーターやアンデス地方の伝統的な織柄を取り入れたマルチカラーのストールなどが中心で、いまよりも価格が高くて個性もずっと強かった。

＊

ところが、幸運は突然やってきた。ドーバー ストリート マーケットの中にトレバーとフォーデがキュレーションするコーナーを設けることになったという。そこに「ザ・イノウエ・ブラザーズのコレクションを置きたい」と言ってくれたのだ。初めは冗談かと思った。あれだけ恋い焦がれたショップだ。

清史は、自分たちの商品が店頭に並んでいる様子を毎日のように見に行った。そして、それから2週間が過ぎたころ、清史のもとに一本の電話が入る。電話の主は、ドーバー ストリート マーケットを統括するコム デ ギャルソン インターナショナル社のCEO、エイドリアン・ジョフィさんだった。彼は「直接会って、話がしたい」と言う。清史は、なにがなんだかわからず、頭が混乱してしまった。

後日、同店内にあるカフェ、ローズベーカリーを訪ねると、禅僧のような風貌をしたその人が待ち構えていた。その凛とした佇まいに、背筋が伸びるような思いがした。そして、彼は信じられないような話を切り出してきた。店頭で「ザ・イノウエ・ブラザーズ」のコレクションを目にしたコム デ ギャルソン社の創始者であり、デザイナーの川久保玲さんが〝クリスマスのスペシャル・イベントのための限定商品を一緒につくりたい〟と言っているというのだ。ただし、納品は12月までにしてほしい、という難しいハードルもあった。一応、「聡と相談してから返事をしたい」と伝えたものの、もはや清史にはやらないという選択肢は考えられなかった。

時は、2008年9月初旬。リミットまであと2カ月ちょっとしかない。聡も、そんな光栄なオファーに異論などあるはずもなく、次のミーティングは清史のヘアサロンの地下にあるオフィスで行うことにした。当日は、聡もコペンハーゲンから駆けつけ、ジョフィさんが訪れるのを待った。いま思い返しても顔から火が出そうになるが、聡はそのころ、ファッション業界の重鎮であるその人のことをまるで知らなかった。だから、スーツにバックパック姿の本人が目の前に姿を現したときも、サロンの片隅にあるソファでくつろいだまま出迎えもしなかった。清史に指摘され、慌てて立ち上がったときには額から冷や汗が吹き出した。

彼は到着するなり、ファクシミリの場所を尋ねてきた。しかし、清史のオフィスにはそれがないどころか、使い方すら知らなかった。ただ、引っ越してきたばかりの広々としたスペースの一部を隣の店にバックヤードとして貸していて、そのなかに埃をかぶったファクシミリが一台転がっていたのを偶然、思い出した。とりあえず、プラグをコンセントに差し込んでみると、少し経ってからデッサンが描かれたA4用紙一枚が吐き出されてきた。それが、東京から川久保さんが送ってきた、ふたりへのリクエストだった。

翌週、聡がPCでデザイン画を作成し、首周りにアルパカが連なるパターンと先住民の人たちが手をつないだパターンをeメールで送った。どちらもアンデス地方の伝統柄をアレンジしたものだった。すると〝両方ともやりたいからすぐに東京に来てほしい〟という連絡があった。まるでジェットコースターのような展開に、振り落とされずについていくのがやっとだった。10月の初めに日本に行き、「コムデギャルソン」の生産管理の担当者と打ち合わせをしてサイズチャートなどの注意事項を確認し、その足ですぐにボリビアに飛んだ。そして現地の人たちと喜びを分かち合い、このイレギュラーで大急ぎの発注を承諾してもらった。そのすべてがふたりにとっては新鮮で、刺激的で、とびきり貴重な体験だった。

最終的に、セーターとニット帽、マフラーをそれぞれ2型ずつ製作し、そこにコムデギャルソンがスワロフスキー社のクリスタルをちりばめて、スペシャルなコレクションができあがった。〝クリスタル・ジャーニー〟と名付けられたこのイベントには、「ザ・イノウエ・ブラザーズ」のほか、ノルウェーやスコットランドなどから合計4つのニットブランドが参加して盛況のうちに幕を閉じた。

まさに駆け抜けたという達成感から、しばらくの間、放心状態になったほどだ。自分たちの個性がやっと認められた。それも、あのコムデギャルソンに、だ。

―― もうひとつの成功体験 ――

幸運は、まだまだ続く。同じ年の10月ごろから、急に問い合わせが入るようになった。大してPR活動をしていなかったふたりには、その原因がよくわからなかった。連絡してきた相手にそれとなく聞いてみると、『Wallpaper＊（ウォールペーパー）』誌の創刊者として世界的な知名度を誇る名編集長のタイラー・ブリュレのブログを読んで興味をもったという。

『Wallpaper＊』は〝90年代でもっとも影響力のあるライフスタイルマガジン〟と呼ばれた雑誌だ。彼は、その実績を提《ひっさ》げて2007年にロンドンで、世界情勢やビジネス、デザイン、カルチャーに焦点を当てたグローバル情報誌『MONOCLE（モノクル）』を創刊し、国内外で大きな注目を集めていた。手にすると、その重さから紙の質感、洗練されたグラフィックデザインやヴィジュアルに至るまで、すべてに目が行き届いていて、誌面からは知的な匂いが漂ってきた。

タイラーはドーバー ストリート マーケットで「ザ・イノウエ・ブラザーズ」のアルパカセーターを目にして、ふたりのことを知ったらしく、ブログには〝ユニークなニット・コレクションをつくる兄弟がいる〟と紹介されていた。それから少し経って、同誌のファッション・ディレクターを務める佐藤丈春さんから連絡があり、〝会って話をしたい〟というタイラーの意向を伝えられた。急な話ではあったものの、聡と清史にはもはや戸惑いなどあるはずもなかった。

タイラーは親日家で、日本人の友人も多く、オフィスには日本人スタッフも数名在籍していた。聡と清史がふたり揃って『MONOCLE』編集部を訪れると、初対面の挨拶もそこそこに、すぐに本題について話し合うことになった。「近々、〝ザ・モノクル・ショップ〟

という名前のセレクトショップをオープンする予定だ」と言い、その構想をふたりに聞かせてくれた。そして、彼は「いまのロンドンには『MONOCLE』をちゃんと置けるマガジンストアがないし、そういう店がどんどんなくなっている。雑誌だけではなく、自分たちが提案するプロダクトを紹介し、雑誌の世界観を表現した〝街の小さなマガジンストア〟をつくりたいと思っている」と説明し、「そのために、ふたりにも力を貸してほしい」と言ってくれた。

彼のスピード感もたまらなかった。自身が世界を飛び回る忙しい身であることも関係しているのだろう。迷いのない決断力で、どんどん話が進んでいく。そして、あっという間にアンデス地方の伝統柄をアレンジしたマルチカラーのストールをもっと大判にして、旅行用のブランケットをつくることが決まった。発売は翌年の秋。こちらはまだ1年の猶予があった。

突然、いろんな話が舞い込むようになった。数カ月前まで、くすぶっていた気持ちはなんだったのだろう。自分たちの力を信じていなかったのか——そんな声が心の片隅から聞こえてくるようだった。

*

2009―2010年秋冬シーズンから始まった『MONOCLE』誌との取り組みは、その後も順調に続いていった。翌年にセーターを追加し、その次の年にはペーパーウェイトとして使えるボールのオブジェが加わった。タイラーからのリクエストは時に唐突であっても、ふたりにさまざまなインスピレーションを与えてくれた。

こんなことがあった。ある日、タイラーから清史のiPhoneにショートメールが届いた。彼はビジネスクラスの機内にいるようで、そこには〝アメニティのトラベルカーディガンの静電気がひど過ぎる。お前たちのブランドで、もっとまともなものをつくってくれ〟と書いてあった。それが起点となり、2012―2013年秋冬シーズンに日本の〝はっぴ〟をモチーフにしたカーディガンができあがった。

タイラーはふたり以上に日本通だった。彼は毎月、仕事で東京を訪れており、独自の日本観をもっていた。移民を受け入れないことや多様性がないといったことで常に批判にさらされているが、彼はそれこそが日本らしさをつくっているという意見だった。世界中がどんどんフラット化している時代にあって、日本は先進国にもかかわらず、まだこの国でしか体験できないことが山ほどある。それが、日本が面白い理由だという。そしてタイラーと出会ったことは、ふたりが日本の素晴らしさについてあらためて考えるきっかけになった。

―― アートと、ファッションと ――

コペンハーゲンで、初めてニコラス・テイラーと会ったのは2006年だった。ボリビアにアルパカを視察に行く前の年のことだ。テイラーとは、聡と清史が以前から兄のように慕っている日本のファッション・クリエイターの〝研さん〟こと鶴田研一郎さんを介して知り合った。

ニコラス・テイラーは、あの偉大なアーティスト、ジャン＝ミシェル・バスキアと〝GRAY（グレイ）〟という名のバンドを組み、同居生活をしながら素顔のバスキアを撮影したという生ける伝説のフォトグラファーだ。そして初めてスクラッチをした白人ＤＪであり、１９８０年代のニューヨークにおけるセンセーショナルな時代の先鋭でもあった。アートやストリートカルチャーに目覚めた10代のころからバスキアの大ファンだったふたりにとって、彼が雲の上の存在に思えたのは言うまでもない。ふたりは彼のことを、尊敬と愛情を込めて〝ニック〟と呼ぶ。

ニックに出会えたことは、思春期に心の拠りどころとなっていたニューヨークのヒップホップカルチャーのハングリー精神や反逆の魂を思い起こさせてくれた。そうして20歳も歳が離れた彼との友情を大事に育み、２００９年にはロンドンにあるセントマーティンズレーン ホテルのアートギャラリーで、ニックの作品を集めて「ザ・イノウエ・ブラザーズ」主催で〝ジャン＝ミシェル・バスキア〟の写真展を行うなど、信頼の絆を深めていった。

このプロジェクトでは、オリジナルの写真集も制作することにした。それら一連のアイディアをトレバーとフォーデに話したところ、彼らは「ニックの写真を使って、いろんなブランドとコラボレーションしてみないか」と提案してくれた。アートとファッションの掛け合わせでどんな化学反応が起こるのか。聡と清史も興味があったし、当時はニットがメインのブランドということもあり、春夏シーズンは休止状態。その打開策になるかもしれない、という淡い期待もあった。それにも増して、いろんな人たちが「ザ・イノウエ・ブラザーズ」の活動に協力してくれるのがありがたかった。

こうして「ラコステ」のポロシャツとTシャツ、「ペンドルトン」のカジュアルシャツ、「リーバイス」のデニムジャケット、「ラルフ ローレン」のヴィンテージのスウェットシャツにバスキアの写真をプリントしたドーバー ストリート マーケット限定のコレクションが完成し、新たな手応えを感じることができた。そしてこの経験が、後に〝アート〟をテーマにした春夏シーズンの活動方針を決めるきっかけになった。

── ザ・ショールーム・ネクスト・ドア ──

成功の尻尾をつかんだと思った。これでなにかが変わると思った。でも、売り上げは期待したようには伸びず、自分たちの楽観主義を少しだけ呪った。コンセプト自体はパーフェクトに近いし、必ず世界に通用する。それには絶対的な自信があった。しかし、光が差し込んだと思った出口はどこまでも遠く、このトンネルが永遠に続くのではないかと思えるほど先が見えなかった。

ドーバー ストリート マーケット以外の取引先はまだ、アムステルダムの〝290スクエア・メーターズ〟とコペンハーゲンの〝ストーム〟、ストックホルムの〝ニッティ・グリッティ〟ぐらい。いずれもオーナー自らがバイヤーをしているセレクトショップで、インディペンデントながらも各国の有力店だった。彼らは「ザ・イノウエ・ブラザーズ」のストーリーに深く共感し、応援してくれていたけれど、それ以上はなかなか広がらない。

なにがいけないのか——いつも考え、悩み、苦しんだ。だけど、自分たちはファッションに関するノウハウや戦略があって、このビジネスを始めたわけじゃない。中央アンデス高地で先住民の人たちの素晴らしい生き方に触れ、純粋にそれを学びたいという気持ちが芽生えたから、一緒にものづくりをする道を選んだ。ここで投げ出してしまうのは簡単だけれど、もっともっと先に行けるはずだ。それに、人生で起こった出来事にはすべてに深い意味がある。アンデス地方でアルパカに巡り合ったのも、きっとなにかの運命だったに違いない。

＊

ヴィジョンは壮大だけれども、プランは脆弱極まりない。自分たちが理想とする地点にたどり着くためには、あらゆる面で力が不足している。そのことを自覚しているがゆえに、もどかしさもひとしおだった。

どんなにアンデス地方のアルパカが素晴らしいと力説したところで、「ザ・イノウエ・ブラザーズ」の活動を知ってもらわないことには、誰も耳を貸してくれない。そのためにPRとセールスを強化する必要があった。ただ、当時のふたりには専任のスタッフを雇う余裕があるはずもなく、それは先送りにしていた課題でもあった。

そんなとき、ドーバー ストリート マーケットのトレバーとフォーデから「独立を考えている」という相談を受ける。聞けば、彼らと親交のある気鋭のデザイナーたちをグローバルに売り出していく場を設けたいのだという。ふたりにとって、まさに願ってもないタイミングだった。そこでコンセプトづくりからグラフィックデザイン、オフィス物件などを井上兄弟が用意する代わりに、「ザ・イノウエ・ブラザーズ」のPRとセールスを引き受けるという条件で、ロンドンの清史のサロンの隣にショールームを開設し、彼らに運営を任せることにした。

その名も〝The Showroom Next Door（ザ・ショールーム・ネクスト・ドア）〟。ちょうどロンドン・ファッション・ウィークに世界的ラグジュアリーブランドが参加するようになり、ファッション業界からの注目度が高まり始めた時期だった。ロンドンを訪れるバイヤーやジャーナリストの数も年々増加しており、うまくいけばチャンスは一気に広がる。それに、この業界に顔の広いトレバーとフォーデなら、その効果が大いに期待できそうだ。

「ザ・イノウエ・ブラザーズ」以外の取り扱いブランドは基本的に自由。そのなかには、イギリスでもっとも活躍している黒人デザイナーのひとり、ジョー・ケイスリー・ヘイフォードが息子のチャーリーと始めた「ケイスリー ヘイフォード」や、ロンドンのトップスタイリストとして知られるハリス・エリオットが手がける「H バイ ハリス」など、すでに上昇気流に乗っているブランドもあった。

—〝世界一〟への誓い—

1960年代にアメリカで起こった〝スタジオグラス〟運動は、大規模なガラス工場に依存することなく、個人が小型の溶解炉を設置して自らの手で作品をつくることを可能にしたムーヴメントだった。これにより、多彩なアート表現をもった独自のガラス作品が数多く発表され、世界各地にその運動は波及していった。聡と清史の父親は、スタジオグラス作家の先駆けとして、世界一の芸術家になることを目指していた。そして清貧な暮らしのなかで、純真さを忘れず、いつも自分の夢をふたりに熱く語って聞かせてくれた。自分に厳しく、他人にやさしい、ふたりにとっては憧れの存在であり、揺るぎないヒーローだった。

44歳という若さで病に倒れ、志半ばのまま、この世を去らなければならなかった無念や悔しさは、言葉では言い表せないほどの苦しみだったろう。この出来事は兄弟の心を深くえぐり、すべての感情が消え失せてしまうようなショックを与えてしまう。そして、大好きな父親から病床で「お母さんと清史を頼む」と託された聡は、15歳の少年にはとても耐え切れないほどの重荷を背負ってしまった。

だから聡は、父親の遺志をなんとしてでも継いで、〝世界一〟にならなければならなかった。そう思うことで悲しみを封じ込め、それを人生の目標にして生きてきた。ところが、ビジネスがなかなか軌道に乗らない焦りから、ひとりでプレッシャーを抱え込み、自分自身に憤っては、周囲に辛く当たってしまう。

生前の父親は「どこまでも他人にやさしく、遊び心を忘れずに、人生を楽しむことを覚えなさい」というのが口癖だったのだから、この時期の聡の精神状態はまるで反対だった。確かに、聡の言うことは間違っていない。でも、いつもそれだと周りは気が滅入るし、責め立てるような言い方は相手の気持ちのなかに反発心だけを残してしまう。自分に厳しいだけでなく、他人にも厳しすぎた。ここまで一緒にやってきたトレバーとフォーデにすらそうだった。

そして、そのせいで次第に離れていってしまう仲間たちもいた。生来の真面目でストイックな性格が、聡を極限まで追い詰めていたのだ。清史は、この状況をなんとかしなければ共倒れになると思った。このままだと瓦解してしまう。

＊

そのころ、ふたりの関係にも少しずつ変化が生じていた。相変わらずケンカばかりしていたけれど、言い争いの内容が資金繰りのことだけではなく、デザインのほうにも移っていた。

聡は、根っからのアーティストだ。常に、個性の表現を追い求める。ただ、それはもっともなことだった。幼いころから自分の意見をもつことの大切さを教えられ、個性を重んじるガラス作家の父親の背中を見て育ったのだから……。

でも、このビジネスを始めたときから、いちばんに優先すべきなのはアンデス地方で生きる人たちへの利益還元と決めていた。自分たちの個性やデザインが先じゃない。それはあとだ。スカンジナヴィア・デザインの原点が人々の暮らしに寄り添うものであったように、自分たちのコレクションもシンプルで長く愛されるものであるべきだ。そのために、いまはとにかくなにが売れるのかを勉強しなくちゃいけない。清史はそのことを痛感していた。だから、自分ももっと真剣にやって本気でぶつからないと、聡もきっと変わらない。

以前の清史は確かに、お金さえ出しておけばいいという気持ちがどこかにあった。多忙を理由に、「ザ・イノウエ・ブラザーズ」の活動にどこか本腰を入れずにいたことも否めない。見て見ぬふりをしていたといってもいい。聡は聡で、兄として自分が引っ張っていかなければならないという気負いがあったし、清史にはそれが鬱陶しく思えることもあった。ビジネス上のパートナーとしては対等の立場であるはずなのに……。だから清史も不満が募っていた。

でも、好きなことをやるにはリスクがあって当然だ。むしろ、リスクがあるから命がけになれるし、本気で楽しめる。そこにどれだけ自分たちのパッションを込められるか——ビジネスの成長は、きっとそんな熱い想いについてくる。

相変わらず、赤字を垂れ流していた。自分たちに足りないものはなんだ？　そして、絶対に譲れないところはどこだ？

〝Style can't be mass-produced...（スタイルは大量生産できない）〟というメッセージは、「ザ・イノウエ・ブラザーズ」のコンセプトでもある。これは1970年代後半のニューヨークのスラム街で、グラフィティアーティストたちが当時の商業的なアートシーンに対する象徴的なアンチテーゼとして、よく使っていた言葉だった。

そう、本当のスタイル、本当のカッコよさは、大量生産のなかからは決して生まれてこない。だから、自分たちはいくら無謀と思われようが、この不公平な世の中に反抗していく。

あのとき、あの瞬間 ― Life changing moments ― 井上聡

〝父〟と〝家族〟の存在は、井上兄弟を語るうえで欠かせない。
ここではふたりが自筆で〝父からの教え〟と〝家族〟を書き記した。
「自分は何者か？」を問い続けた井上兄弟の心の深部に迫る。

僕と父との、最後の3カ月間

1993年3月、僕たち兄弟の父親である井上睦夫が病気で倒れて入院した。僕が15歳、清史が12歳のときだ。急だったせいもあり、最初はなにが起きたのかがまったく理解できなかった。父が倒れた瞬間や病院に運ばれたときのことを、僕は細かく覚えていない。それがいいことなのか、悪いことなのかは、あれから20年以上経ったいまも、自分のなかでうまく消化できずにいる。無理やり記憶の片隅に追いやり、忘れようとしていたのかもしれない。無意識のうちに、どうしようもなく込み上げてくる怒りや不安、悲しさを、心の奥深いところに全部封じ込めようとしたんだろう。

あのころの僕は、どこにでもいる青春真只中の男子で、親のことより、学校でいかに女の子たちにモテるかと、自分のファッションにしか興味がなかった。父が入院したことを、恥ずかしいと思ったことすらある。僕は見栄っ張りの15歳で、世間のことをなにひとつ知

らない大バカ野郎だった。

僕たちの父はアーティストを目指してドイツの芸術大学で学ぶために、母はデンマークの国民高等学校（国民大学と訳されることもあるデンマークの社会教育施設）に留学するために海を渡った。ふたりの出会いは、40年以上前のヨーロッパ。その後、両親は結婚し、1970年代にデンマークで暮らし始めた。当時のデンマークには外国人が少なく、日本人は400人程度だったという。僕たち家族は文化の違いや言葉の壁もあり、絶えず差別や偏見の目に晒されていた。そして多くのアーティストがそうであったように、家計は決して楽とはいえなかった。子ども時代から、デンマーク語が下手だったために両親がレストランや銀行、スーパーマーケット、学校の面談など、日常のさまざまな場面で、失笑されるところを目にしてきた。悔しくもあり、それ以上に恥ずかしかった。

僕も幼稚園のころ、よくいじめられた。それ以降も、学校の先生たちから変な目で見られているのを感じていたし、上級生からはからかわれ、しょっちゅうケンカもした。バカにされるのがいちばん嫌だった。負けるのが大嫌いだった。だから、必死に勉強と部活のサッカーに打ち込んだ。成長するにつれ、そういう理不尽な目に遭うことは少なくなったものの、幼いころに味わったいじめの傷はそう簡単には癒えなかった。

その後、次第にクラスの連中やほかの学年の子どもたちとも親しくなり、先生たちにも可愛がられるようになった。学校の成績は、国民学校卒業時には地元の地区でトップ10に入っていたと思う。肌の色が違うというだけで、理不尽な思いをするのは絶対に嫌だった。

暴力に暴力で対抗するのではなく、別の方法で彼らを黙らせようと努力を続けてきた結果だった。

父が入院した数日後、母は真顔で僕に向かってこう言った。

「これからは放課後、毎日お父さんが入院している病院に行きなさい。お父さんは、聡といろいろ話したいことがあるそうよ。わかったわね」

最初は〝なぜ?〟という気持ちが強かった。もちろん、父の見舞いには頻繁に行くつもりだったけれど、まさか毎日だとは思っていなかった。僕にとっては、友人と遊ぶ時間も大切だったからだ。だが、僕は母の言いつけを守ることにした。

父は毎日、人生における深い話をしてくれた。父親と息子の会話というより、スピリチュアリティと哲学の授業のようだった。父は決して上から目線で話すようなことはせず、その内容も押し付けがましいところがまったくなかった。なにが正しくて、なにが間違っているのか、世の中のさまざまなことに対して、自分の意見や考えを息子に伝えておきたかったんだと思う。その話題は、芸術や文学、政治や倫理、社会問題、自分の価値観や仕事観、自然を愛する心やスポーツ、創造性、生き方まで、尽きることがなかった。

僕が病室を訪れた最初の日、父はこう切り出した。

「聡、今日からお前といろんな話をしたいんだ。俺にとって大切なことばかりだから、ちゃんと聞いてくれるかい? できれば毎日お前と話したい。お母さんからも聞いているよな？」

僕には、反対する理由が見当たらなかった。でも、どうして自分だけが呼ばれるのか。それに父の病状が詳しくわからなかったことも、不安な気持ちを掻き立てた。そんな僕の心を見透かしたかのように、父は「俺は大丈夫だから、心配しなくていい。その代わり、ここで聞いたことは全部、清史にも話すんだぞ。あいつはまだ小さいから、わからないこともたくさんある。いますぐではなくてもいいから、いつか必ず清史にも伝えてくれ。とにかく、まずはお前に話しておくからな」と言った。なんだか、おかしい。このとき僕は、初めて父の命がそう長くはないのかもしれない、と悟った。


スタジオグラス作家だった父は、創作に没頭するあまり、自分の健康をまったく顧みない人だった。大酒飲みで、ヘビースモーカーだった父の体は、44歳にして断末魔の悲鳴を上げていたのだ。父の死後、母から本人は余命3カ月だと宣告されていたことを聞いた。それで、死ぬ間際まで僕にできるだけ多くのことを伝えておきたい、と考えたらしい。

子どものころ、周りのデンマーク人の親とは違う父の姿を恥ずかしいと思ったことがある。でも、いま振り返ると、父ほどカッコいい人はいなかった。父はもうこの世にいないけれど、不思議なことに僕の心のなかでは、その存在が年々大きくなっている。毎日、父のことを思い出すし、僕のインスピレーションであり、モチベーションにもなっている。きっと清史も、同じだと思う。父の病室で、最後の3カ月を一緒に過ごせたことは一生忘れない。僕にとって、それがなによりも大切な宝物になっている。

今日〝なにがきっかけで「ザ・イノウエ・ブラザーズ」の活動を始めようと思ったのか?〟と聞かれたら、僕は迷わずこう答える。「父の生き方」だと。

母の記憶 ― A mother's memory ― 井上さつき

おばあちゃんは被爆者

わたしたち夫婦にはデンマークに親戚がおらず、親も兄弟もみんな日本に住んでいる。でも、どうしても夜間外出しなければならないときは、親切な友人夫妻が子どもたちを預かってくれた。彼ら夫婦は奥さんが日本人で、ご主人がデンマーク人だった。息子たちもとてもなついていて、外泊ができて美味しい和食が食べられると、むしろ喜んだほどだった。

あるお泊まりの翌日、息子ふたりを友人夫婦の自宅に迎えに行くと、清史の様子がどうもおかしい。元気がなく、あまりしゃべりたがらない。

「どうしたの?」

「母ちゃん、原爆って怖いね。お兄ちゃんと一緒に『はだしのゲン』ってアニメを観たんだ」

『はだしのゲン』のアニメにはお兄ちゃんと2歳年下の弟がいて、いつもチャンバラごっこをしたりしていたんだ。僕たちみたいにね」と、横から聡が説明してくれる。

子どもながらに笑える場面もあって、アニメにどんどん引き込まれていったという。でも、原子爆弾が投下されたときの様子やその描写が始まると、だんだん直視することができなくなった。7歳と4歳の兄弟にはきっと刺激が強過ぎたのだろう。

それ以来、清史は毎晩のように「原爆が落ちたらどうしよう。僕たちはみんな死ぬんだ。怖いよ」と、何度も繰り返すようになった。聡が、泣きじゃくりながら体を震わせている清史を強く抱きしめて、気持ちを落ち着かせる。聡は自分も一緒にアニメを観たので、その怖さがよくわかっていた。

清史がなかなか眠れない夜が何日も続いた。幼稚園に行くのもうれしそうじゃなかった。そんな日々が、1カ月以上続いたかもしれない。なんとかしなくてはと思っていた矢先のことだった。

ある夜、「清史、もう怖がらなくてもいいよ。アメリカとソ連の原子爆弾が全部空に飛んで行ってなくなったんだ。もう原子爆弾はこの世に存在しないから、爆弾は落ちないんだ」。聡の苦肉の策だった。

「お兄ちゃん、お兄ちゃん本当？　もう大丈夫なんだよね」

「うん」

わたしの母は、毎年のようにデンマークに来て息子たちの面倒をみてくれた。主人が仕事で家を空けることがしばしばあり、息子たちと過ごす時間はわたしのほうが圧倒的に多かった。でも母のおかげで、わたしは安心して仕事を続けることができた。息子たちが学校に通うころには、よく故郷・長崎の話をせがまれたようだ。

「君たちもよく知っている晋吾伯父さんがまだ1歳半のとき、急にピカッと光ってね。あまりにも明るくなって、見とれていたぐらいだったんだよ。そしたら目の前が急に真っ黒になって、がたがたとガラス戸が揺れたかと思ったら、それが吹き飛んできて晋吾の体や脚にその破片が刺さってね。ガラスの破片を取ってあげたよ。痛かっただろうね。本当に恐ろしかったよ」

母はデンマークに来るたびに、原爆の話をふたりに聞かせてくれた。晋吾伯父さんとは、わたしの兄である。母は語り部役をしっかりとこなしていた。聞き手は、息子たちだけでなく、時にはふたりの友人たちもその輪に加わり、3~4人の子どもたちが母を囲んで話に聞き入ることもあった。

わたしが中学3年生のとき、祖母が原爆病院に入院することになった。白血病だった。そのときに祖母に書いた詩を、わたしが長崎に帰省したときに見つけた。

「おばあちゃん」


おばあちゃんの体のなかには悪魔がいる。

悪魔は毎日毎日、おばあちゃんの脊髄を削っていく。

そのなかに血が入り込む。白い血が。

突然、現れた。

「悪魔め、早く消え去れ！」

「ワッハハハ。何をわめく。どうした。おれは削って、削って、グタグタにしてやるんだ」

「やめて！　お願い！」

「いいんだよ。可愛い孫や。

おばあちゃんにも誰にももう悪魔を取り除くことはできないんだよ」

祖母も父も叔母も、原爆病で亡くなった。96歳の母と93歳の母の妹ふたりが、健気に天女様のような笑顔でいまを生きている。そしてまた自分自身が被爆二世であること、長崎生まれであることの意味が、最近とみにわたしのなかで大きく膨らみ始めている。

ふたりの羅針盤

WORDS OF INSPIRATION

世界のどこかで、誰かが蒙っている不正を、
心の底から深く悲しむことのできる人間になりなさい。
それこそが革命家としての、いちばん美しい資質なのだから。

Above all, always be capable of feeling deeply any injustice committed against anyone, anywhere in the world.
This is the most beautiful quality in a revolutionary.

バカらしいと思うかもしれないが、
真の革命家は偉大なる愛によって導かれる。
愛のない真の革命家を想像することは、不可能だ。

At the risk of seeming ridiculous, let me say that the true revolutionary is guided by a great feeling of love.
It is impossible to think of a genuine revolutionary lacking this quality.

エルネスト・チェ・ゲバラ Ernesto Che Guevara（1928-1967）
アルゼンチンの中産階級の家庭に生まれる。医師を志すが、南米諸国を旅する中で革命の必要性を痛感。フィデル・カストロとともにキューバ革命を牽引し、成功に導く。その後、ラテンアメリカ全体の革命を目指し、ボリビアで活動を続けたが、1967年10月、政府軍に捕

第4章

いかにして井上兄弟は生まれたか

大量生産・大量消費社会に疑問を抱いたのは、いつのころからだろうか。不信という言葉に置き換えてもいい。それがいつしか、ふたりのなかで確信に変わり、不条理や不公正な社会に対する反発心や反抗心の萌芽とも呼べるＤＮＡをつくってきた。確かに、大量にものが生産できれば一個あたりにかけるコストが低くなり、さまざまなものが安く手に入る。それは物質的な豊かさという意味で、驚異的な進歩をもたらしたかもしれないが、そのおかげでものを大切にする気持ちや愛着が薄れているという一面がありはしまいか。そして古くなったり、壊れたりしたら、すぐにまた買い換えればいいという気持ちになってしまう。いまの社会は、そうした〝使い捨て文化〟の悪循環のなかにある。そして、そのことが結果的に地球規模で環境にもダメージを与えている。

―　デンマークへの反発心　―

兄の聡は１９７８年、清史は１９８０年に、ともにデンマークのコペンハーゲンに生まれた。当時のデンマークは日本人どころか、まだまだアジア人も珍しかった時代だ。容姿も言葉もまったく違う兄弟が、いじめの標的になったとしてもおかしくない。むしろ、自分たちの周りの小さな世界がすべて――という子どもたちにとっては、自然ななりゆきだったともいえる。それゆえ、ふたりは自分たちがマイノリティであることに否応なしに向き合いながら育ってきた。いまでこそデンマークは多様性に寛容な国だといわれるが、国民学校時代のクラスメイトのなかにデンマーク人以外は聡がトルコ人とふたり、清史もパキスタン人とふたりで、ともに彼らは両親のうちの一方がデンマーク人のハーフだった。

聡にはトラウマになった事件があった。幼稚園のクラスに外国人は聡だけだった。ジャングルジムに登ってひとりで遊んでいると、同級生に突然、後ろから突き飛ばされ、地面に叩きつけられた。ひどい痛みで、立ち上がることすらできない。それでも誰も声をかけてくれず、その場にうずくまり続けた。数時間後、ようやく助けてくれたのは、当時、共働きだった両親の手助けをするために日本からデンマークに来ていた祖母だった。

自宅に戻ると、鎖骨周辺の腫れがひどく、父親があわてて救急車を呼ぶために受話器をとった。電話口で、父親はとても苛立っていた。デンマーク語が下手だったせいで、すぐにその要請に応じてもらえなかったのだ。それが、聡が初めて経験した骨折だった。


こうした軋轢は成長するに従い、徐々に減っていったものの、完全になくなるまでにはかなりの時間がかかった。その間、聡は勉強とスポーツで周囲に負けまいと努力し、清史はケンカが強いと思わせることで余計なトラブルを回避した。

思春期を迎えたころ、ふたりは父親を亡くしたこともあり、家計に少しも余裕がなかった。当時の家族の口癖は、「貧乏は悪くない」「親がいないことが不幸ではない」。でも、お金がなかったからこそ甘えがなかったし、そのなかでどう自分らしく生きていくのかが大切だった。

清史は12歳になるとクラスの男子ではひとりだけ家庭科の授業を選択し、ミシンを覚えて自分の着る服を自分でつくるようになった。親から小遣いがもらえなかったために考え出した苦肉の策ではあったものの、それが周りで評判となり、兄弟ふたりが徐々にデンマーク人のコミュニティに溶け込んでいくきっかけとなった。清史が高校に入学してからは服づくりがどんどんエスカレートし、昔から絵が得意だった聡がマンガ風のイラストを描き、清史がその図案を工場に持ち込んでオリジナルのプリントTシャツやポロシャツをつくるのに夢中になった。デンマークでは当時、そういうタッチのイラストが珍しかったこともあり、同級生からは自分の分もつくってほしいというリクエストが多かった。将来の夢は、ファッションデザイナーだった。

ふたりには「ザ・イノウエ・ブラザーズ」の原体験になった出来事がある。清史の修学旅行前に、母親が旅費を工面できずに困っていた。それを見かねた聡が、兄弟でつくった服を学校のイベント時にクラスのユニフォームとして販売することを思いつく。以来、清史はその収益を学校行事の費用に充てることで、高校時代の3年間を乗り切った。

お金がなくて惨めな思いをするどころか、聡はデザインの面白さを、清史は商品化してビジネスにする術をこの時期に覚えていった。ふたりにとって、デザインが人の心を動かすことを学んだ貴重な経験だった。

自分たちの力で試練を乗り越えたことは、ふたりの大きな自信になった。子ども時代のこととはいえ、いじめの不条理に屈するのはとうてい受け入れられないことだった。なぜなら、それが自己否定につながるからだ。だから、周りと、自分と、常に闘っていた。ただ、それを克服したからといって、これまで味わった悲しみや苦しみがなくなることは決してなかった。

ふたりがこの国に外国人が増えたと実感したのは、1980年から1988年に起こったイラン・イラク戦争と、1991年から2000年まで続いたユーゴスラビア紛争以降だ。特にユーゴスラビア紛争では多くの難民がなだれ込み、彼らに対する激しい差別を目の当たりにした。そのたびに、幼いころの自分たちの姿に重ね合わせ、ひどく胸が痛んだ。この国は以前から多様性に寛容だったのではなく、外国人が増え続けていった結果、国家のシステムを存続させるためにそうならざるを得なかった。そういう解釈のほうが、ふたりにはしっくりくる。

＊

デンマークは資本主義経済とはいえ、アメリカ型のとにかく実力主義というスタイルではなく、自由な経済活動を認めつつ、貧富の差が広がらないように、福祉サーヴィスは国が負担するという〝修正資本主義〟と呼ばれるかたちをとっている。

いまのデンマークは〝世界一幸せな国〟ともいわれ、実際に国民の幸福度を計るランキングでは、数多くの指標において、常に上位に名を連ねている。消費税25パーセント、所得税が約46パーセントと、日本では考えられないほど国民の負担が大きく、収入の多くを国家に納税しなければならない。でも、その代わりに医療費は無料、大学まで無料で教育を受けることができ、失業保険も4年間は現役時代の90パーセントが保証される。社会福祉制度が充実しているせいもあって大富豪になれるわけでもなければ、貧困に陥ることもない。そのおかげで野心もなければ、失望もないようにふたりには思えた。

デンマーク国民の気質を表すのに、いいたとえがある。1933年にデンマークの文筆家、アクセル・サンダモセが考えた〝The Jante Law（ジャンテ・ロウ）〟と呼ばれるコンセプトだ。

1 Don't think that you are special.
（自らを特別であると思うな）

2 Don't think that you are of the same standing us.
（ほかの人と同等の地位であると思うな）

3 Don't think that you are smarter than us.
（ほかの人より賢いと思うな）

4 Don't fancy yourself as being better than us.
（ほかの人より優れていると思い上がるな）

5 Don't think that you know more than us.

（ほかの人より多くを知っていると思うな）

6 Don't think that you are more than us.
（ほかの人より自らを重要であると思うな）

7 Don't think that you are more important than us.
（ほかの人よりなにかが得意であると思うな）

8 Don't laugh at us.
（ほかの人を笑うな）

9 Don't think anyone of us cares about you.
（ほかの誰かがお前を気にかけていると思うな）

10 Don't think that you can teach us anything.
（ほかの人になにか教えることができると思うな）

11 Don't think that there is something we don't know about you.
（ほかの人がお前のことをなにも知らないと思うな）

どの言葉も、みんな平等だという人権意識に満ちているように思えるかもしれない。しかし、ふたりの感じ方はちょっと違う。子ども時代から感じてきた違和感といってもいい。こうした価値観は、おそらくデンマークの国教でもあるキリスト教から影響を受けた倫理・哲学教育からきているのだろうけれど、自分たちの周りにはいつも白人至上主義とも思える差別や偏見がつきまとっていた。だから、聡と清史には、どうしてもジャンテ・ロウをうまく理解することができなかった。理解しようとすればするほど、現実とのギャップに苦しんだ。

デンマークで生まれ育ったことが、聡と清史の人格形成に影響しているのは明らかだ。けれども、それは異国で感じた孤独や疎外感、そして怒りや悲しみのほうが大きかった。むしろ、そんな偽りの平等なんかより、一人ひとりの個性を尊重する世の中であってほしいといつも願っていた。だから、ジャンテ・ロウの価値観に倣った生き方なんてしたくない。そんなデンマーク人の横並び意識から平気ではみ出すくらい、大きな夢を描いて目標に向かって突き進む。死に物狂いのその姿が、周囲の人たちの目に不恰好に映ったって構わない。ぬるま湯に浸かっていても、なにも変わらないし、変えられない。自分たちには野心がある。そして大きな夢がある。

周りには平和ボケの空気が蔓延しているように感じていた。さらに、ふたりの世代では、ものをつくるより先に、他人の評価や売り上げを考えるくせが染み付いてしまっている。アメリカのブラックカルチャーに魅せられたのは、そんな周囲への反動もあったのかもしれない。

―― 闘う相手は、どこにいる？ ――

天真爛漫ともとれるふたりの明るい性格のその裏側には、柔らかく傷つきやすい感受性が潜んでいた。そして目の前には、どこに向かっていいのかわからずに、宙ぶらりんになったままの〝正義〟があった。それゆえ、思春期に注目を浴びていたニューヨークのヒップホップカルチャーのハングリー精神や反逆の魂に、自然と惹かれたのだと思う。

どんなに貧しくても、周りがどう思ったとしても、彼らは権力と社会の不公平に対する怒りを、アートの世界にぶつけていた。アクリルペイントやキャンバスを買うお金がなければ、ペンキ店でいちばん安いスプレー缶を買って街中の壁をキャンバスにしてしまうグラフィティアーティストや、ダンス教室に通うお金がなければ、段ボールの上で次々と新しいブレイクダンスを披露するダンサー、楽器代やスタジオ代を支払うお金がなければ、道端でターンテーブルとマイク2本でラップするミュージシャンがいた。

これこそが、デンマークで多感な時期を過ごしていたふたりに強い影響を与えた1980年代から1990年代にかけての〝ニューヨーク魂〟だった。彼らのそんな強さに憧れた。怖いもの知らずではなく、恐れているものと対峙して、それに果敢に挑戦する〝勇気〟に心が震えた。その時代、差別と偏見の苦しみに耐えざるを得なかったアメリカの黒人たちが、魂の叫びの発露としてオリジナルの表現で新しいアートのジャンルをどんどん切り拓いていた。それに比べたら、自分たちの置かれた状況や悩みなんて、なんてちっぽけなんだろう。それに聡には清史がいて、清史には聡がいる。ふたりなら悲しみは半分だし、喜びは倍以上にもなる。兄弟で力を合わせれば、どんな高い壁だって超えられる。そうやってふたりは絆を強め、世の中の不公平と闘う勇気を育んでいった。

なかでも、黒人として近代アートのトップにまで上り詰めたジャン＝ミシェル・バスキアは特別な存在だった。彼は17歳のころから地下鉄やスラム街の壁などにスプレーペインティングをし始めると、次第にその活動が認められ、キース・ヘリングやバーバラ・クルーガーらの助力を得てニューヨークで個展を開くようになった。アンディ・ウォーホルとは互いに刺激し合うような関係で、27歳で死去するまで破滅的・衝撃的ともいえる短い生涯を駆け抜けた。

当時は、N・W・Aやウータン・クラン、モス・デブ、2パックといったヒップホップグループの音楽をよく聴いた。その反骨精神に影響を受けたのはもちろんだが、歌詞の意味や魂に惹かれ、好きになったミュージシャンもたくさんいた。ジミ・ヘンドリックス、ボブ・マーリー、ジョン・レノン、フェラ・クティ、ボブ・ディラン、レイジ・アゲインスト・ザ・マシーン、ジェームス・ブラウン、ハービー・ハンコック、マイルス・デイヴィスなどは、中学生のころから変わらず大好きなアーティストたちで、いまでもよく聴いている。

また、ミュージシャンだけでなく、ホセ・マルティやマーティン・ルーサー・キング・

ジュニア（キング牧師）、チェ・ゲバラ、マハトマ・ガンディーも、子どものころからのヒーローだ。彼らに共通しているのが、アクティヴィストとして社会の変革に情熱を傾け、生涯を捧げて世の中の不公平と闘い続けたことだった。そして彼らの存在とその生き方を教えてくれたのは、いつも父親だった。そうやって父親からふたりは強い気持ちを植え付けられ、自分たちもいつかそんなふうになりたいという気持ちが芽生えるようになった。

＊

誰だって、失敗するのは怖いのが当たり前だ。でも、まだ見ぬ世界はその先にしかない。父親が生前親交のあったアメリカのジャズ・ピアニストのハービー・ハンコックの自叙伝『POSSIBILITIES（ポシビリティーズ）』のなかに、遠い記憶を呼び覚ましたシーンがあった。聡はそれを読んで、すぐに父親の姿が瞼に浮かんだ。

そこにはハービーが若いころに在籍した、マイルス・デイヴィスのグループがストックホルムでセッションを行ったときのエピソードが綴られていた。ジャズは直感を大切にする音楽ゆえ、マイルスはリハーサルをあまり好まなかったといわれている。だが、それはそれだけの勇気をもてというメッセージでもあったのだと思う。マイルスはそのとき、いつも以上にハイテンションで、オーディエンスの盛り上がりは最高潮に達していた。その瞬間、ハービーは、そこで絶対に出してはいけない音を叩いてしまう。会場が一瞬静まり返るなか、マイルスはその音を拾って、まったく新しい曲をつくったという。

マイルスは絶対的な〝神〟のような存在だった。ハービーはセッション終了後、叱責されるのを覚悟して意気消沈していたところ、やっぱりひどく怒られた。それもこれまでないぐらい痛烈に……。でも、その理由が間違った音を出したことではなく、まったく別のところにあった。マイルスは「お前はあの瞬間、しまったと思っただろう?」と聞いた。ハービーは素直に「イエス」と答えたが、マイルスの反応は予想外のものだった。「音楽の世界では、失敗はさらなる美しい音を生み出すために起こることなんだ。だから、失敗したと思って落ち込むのは、単なるお前のエゴイズムだ」と。

ふたりは、そんな数々のエピソードを父親から幼いころに聞かされて育った。

そもそも失敗してはいけない、絶対に成功しなければならないという考え方が、間違っているのではないか。それがいまの息苦しい世の中をつくっていると思えてならない。みんな〝オギャー〟と叫んで、裸で生まれてきたじゃないか。会社をクビになったって、家を失くしたって、もともとなにもなかった裸一貫に戻ればいいだけの話だ。

少なくとも、自分たちには応援してくれる家族や友人、そして大切な仲間たちがいる。世界中を旅してみたら、食料不足で死んでいく人たちがたくさんいて、薬を買うお金がなくて大切な子どもを亡くしてしまう親がたくさんいた。そう考えると、自分たちの境遇はラッキーとしかいいようがない。だから、失敗を怖がるなんてナンセンスだ。不安に揺れる気持ちがあったとしても、チャンスであることに変わりはないのだから。

――目の前の常識を疑え――

問題はなんであるにせよ、もっとも恐ろしいのは無関心だ。常に自分の頭で考え続けなければ、氾濫する情報に流されるだけ流されて、ついに思考はストップしてしまう。メディアの報道にしたって、いつも絶対に正しいとは限らないし、むしろ偏った内容を伝えて、誰かが意図する方向に仕向けている可能性だってある。だから目の前の常識をいつも疑う。いろんなことに関心をもち、考える力を失わないようにする。

洋服を買うときだって同じことだ。広告やECサイト、SNSなど、目に飛び込んでくる情報に瞬間的に反応するのではなく、自分の頭で一度よく考えてみたほうがいい。そしてキャッシャーに並ぶ前に、オンラインストアでクリックをする前に、少しだけその商品の背景にある物語にも注意を払ってほしい。判断は、それからしたって遅くはないのだから。

＊

思春期に東南アジア諸国に蔓延していた児童労働のことを知った。そのきっかけになったのが、ふたりが当時、好んでよくTシャツを着ていた世界的スポーツメーカーの「ナイキ」だったことも、その衝撃をより大きなものにした。いまでこそナイキはそうした問題に積極的に取り組む優良企業だが、それもこのときの苦い経験があったからだ。

ナイキは、スポーツ用品やアパレルウェアのデザイン・開発は自社で行い、製造はコストの低い新興国の工場に委託するという、グローバリゼーションを利用したビジネスモデルで、多くの利益を上げ、成長してきた。それが1997年に、委託するインドネシアやベトナムなどの東南アジアの工場で、低賃金労働や児童労働、強制労働などが発覚。この事態にアメリカのNGOなどがナイキの社会的責任について批判したことから、世界的な不買運動に発展し、経営的に大きなダメージを受けた過去があった。

自分たちの大好きなナイキのビジネスが、新興国の労働者からの搾取で成り立っていたなんて信じられなかった。このことで、ふたりが事業拡大のために、どこまでも利潤を追い求める大企業のあり方に不信感を抱いたのも無理はない。そして、それまで時折り感じていた、大量生産を前提にした世の中はおかしいという思いを揺るぎないものにした。

あれだけ夢中になっていた、服づくりへの情熱が急激に冷めてしまったのも、この問題がきっかけだった。無自覚であったにせよ、当時、友人たちに販売していた井上兄弟オリジナルのプリントTシャツやスウェットシャツが、低コストで大量生産されたボディをベースにしていたことから、自分たちもナイキと同じ搾取する側にいたことを知り、唖然とした。そしてふたりは、子どものころから憧れだったファッションデザイナーの夢をあっさりと捨て、別々の道に進むことになる。

アパレル業界でもこうした労働環境に関する問題は、深く根を張り巡らせている。直近の例でいうと、2013年にバングラデシュの首都ダッカで、8階建てのビル、ラナプラザの倒壊事故があった。1100人以上が死亡し、同国での過去最悪の産業事故となったこの惨事は、もとはといえば低人件費に群がった欧米のアパレル企業が引き金となっている。

事故の最大要因は、このビルが安全基準を満たしていない違法建築だったことにある。当時、ラナプラザには5つの縫製工場があり、従業員3000人以上が〝すし詰め〟状態で働いていた。しかも、もともとは5階建ての商業ビルとして建築されていたのを、複数の縫製工場の入居に対応するため、さらに3階分を違法に建増ししていたのだ。倒壊前日には建物に亀裂が発見され、当局からビルの使用を中止するように警告されていたにもかかわらず、ビルオーナーはこれを無視。従業員は事故の恐れのある建物の中で強制的に働かされ、被害にあった。しかも失われた命のなかには、多くの女性とともに子どもたちの命も含まれていたことも、事態の深刻さを物語っていた。

バングラデシュの人件費は世界最低水準ということもあり、衣料品輸出額では中国に次いで世界2位（世界貿易機関の2015年度調査より）。輸出の約80パーセントを主要産業の繊維製品が占める。これは世界中のアパレル企業が安い人件費を求めて、この国を衣料品などの生産工場として活用していることを意味している。

そして、この事故に遭遇した工場の多くが欧米のアパレル企業の業務委託先だった。そこでは従業員たちが生活するにはとても足りない低賃金で、先進国の消費者がトレンドを楽しむための服をつくっていたのだ。ファストファッションをはじめとする大量生産システムを導入したビジネスモデルは、こうした新興国の人たちの過酷な労働なくしては成り立たない。あらためて、そう世界に訴えた悲しい出来事だった。

バングラデシュではこうした事故がたびたび起こっており、過去にも縫製工場の火災により、100人以上が死亡し、200人以上が負傷する惨事が発生している。

そんな不条理や不公平が許せなかった。とにかく、そういうことがまかり通る世の中に負けたくないと思った。社会貢献というと、聖人君子のような人間を思い浮かべるかもしれないが、それとはちょっと違う〝怒り〟に近い気持ちが、体の内側からふたりを衝き動かしているのではないだろうか。自分たちにだって、限界や欠点があることは十分承知している。善意や正義感もあるけれど、あきらめやずるさだってあるのも否定しない。すべてにおいて、端正で、清廉であり続けるのは極めて難しい。

それでも、このビジネスにかける純粋な情熱だけは失わずにいられるのは、閉塞感のあるいまの世の中に精一杯反抗して、どこにたどり着けるかわからない夢を追いかけている時間こそが、間違いなく自分たちが生きていることを実感できる瞬間でもあるからだ。

お金が儲からなくてもいい。誰も褒めてくれなくてもいい。ただ、ひたすら無欲で没頭できる世界があることは、聡と清史にとってかけがえのないことだった。ひとりの人間が一生のうちにできることなんて限られている。そう思ったからこそ、自分たちがこの世に生を受けた意味を必死で探してきた。それが聡と清史にとっては、たまたまアルパカを通じたソーシャル・ビジネスだったのだ。

なぜ、身近な問題ではなく、遠く離れた南米のアンデス地方なのかという疑問には、それに出合ってしまったからだ、としか答えようがない。けれども、グローバル化したいまの社会では地球の反対側で起こった出来事であっても、どこかで身近な出来事とつながっている。それに、異国で外国人として生まれ育った兄弟には、国籍や人種よりも〝地球市民〟として考える癖がついている。だから、放っておけない人たちがいるのなら、場所がどこであろうと飛んで行く。

―人間らしさを取り戻すために―

大量生産・大量消費社会への反対意見をいうと、たいていそれを止めたら企業活動が成り立たず、雇用を維持できないし、税金も払えなくなるといった議論に行き当たる。そして、消費しなければ経済が衰退するという声が上がる。でも、少し立ち止まって考えてほしい。必要でないものを必要だと思い込んだり、ショッピングが気晴らしであったり、ものがあると安心できたり……。本当は買っているのではなく、買わされているのではないか。お店に、コマーシャルに、そして社会に。

いまの日本には、くだらない見栄のために、見境もなく気軽にお金を貸してくれる消費者金融やカードローンがいくらでもある。その結果、個人による自己破産申請件数が年間6万4000件を超えたと報告されている（最高裁判所の2016年度司法統計より）。

市場経済は市場社会を生み、それを世界規模へと拡大してきた。そうした〝グローバリゼーション〟という魔物に、いまや人間が完全に支配されてしまっているのではないか。

〝世界一貧しい大統領〟として知られるウルグアイ第40代大統領のホセ・ムヒカは、2012年の〝国連　持続可能な開発会議（リオ＋20）〟で、「我々は、発展するためにこの地球上にやってきたのではありません。幸せになるためにやってきたのです」とスピーチし、余計なものを買うためにあくせく働き、大切な人生をすり減らすことが常習化してしまっている、いまの消費社会に警鐘を鳴らした。

そう、我々が浪費のために支払っているのはお金ではない。その代金を稼ぐために費やす貴重な時間なのだ。そして、それはもっと別のこと――人生の美しさ、幸福を最大限に味わうために向けられるべきだ。

このシステムの弊害は至るところで現れている。グローバル化が進んだ社会では、人々は大量生産された安価な商品を求めるように、購買欲を刺激する広告によって誘導され、世界中どこでも同じ、画一的な価値観を刷り込まれてしまう。しかも、そうした商業広告や消費文化の氾濫は、それぞれの地域社会が培ってきた人たちの営みや固有の文化、自然とのつながりを破壊し、時に自尊心さえ奪う。そして、その価値観にそぐわない自分はダメな人間だと思わせ、不安を掻き立てるのだ。

そこまでして消費を急き立てられるのは、そうしないと成り立たないのが、このシステムの限界でもあるからだ。このまま拡大成長が前提の社会である限り、地球環境の悪化も止まらないし、持続可能な社会にもなりえない。だからいま、それに代わるシステムを考えることが必要なのだ。

より高い収入と物質的に豊かな生活を求めることを目的に、休みもなく必死に働き、見栄や自分の社会的地位を確かめるために高い買い物をする。でも、金も、ものも、肩書も、人間を幸せにしないのはもうわかったじゃないか。常に他人と張り合って、人や世の中に後れをとらないように神経をすり減らし、駆り立てられる毎日の、どこに安息の時間があるというのか。幸せを感じられないのなら、そんなものをいくら手にしたところで、それは成功じゃない。仮に成功だとしても、永遠に続くものじゃないし、最後にいい人生を送ったとはいえなくないか。ましてや、そんな成功にも届かず、競争に疲れてきたころには年齢を重ね、「こんなはずじゃなかった」と嘆きながら人生を終えるのは、なんと虚しく、もったいないことか。

だからこそ、常識のように思われているそのシステムとは正反対ともいえる方法で、ビジネスが成立することを証明したかった。たとえ規模は小さくても、それが自分たちの信じる正しい社会をつくるための起爆剤となり、そうしたアイディアをできるだけ広め、どんどん真似する人たちが出てきてほしい。そのために、大企業も一緒になって問題の解決に向けて取り組んでほしい。同じような考えでビジネスをする人たちが、いろんな分野で増えていけば、どんな困難が待っていたとしてもきっと未来は変えられる。

ファストファッションを否定するつもりはない。お金のない若い世代がお洒落を楽しむ権利を奪うことはしたくないし、ファッションの民主化に大きく貢献していることは否めない。問題なのは、それしかない、それがベストだと思い込んでいる社会のあり方であり、自分たちの生き方なんだ。ルールを変えて、システムを新しくつくり直さない限り、この悪循環はどこまでも続いてしまう。

問題は、とてつもなく大きい。闘う相手も見えない。でも父親が、いつも口癖のように言っていた。「人生の分岐点が訪れたら、迷わず困難なほうへ進め」と。そして「失敗を絶対に恐れるな」と。

〝Style can't be mass-produced...〟。自分に負けそうになると、聡は決まってその言葉を思い出す。

― 自己矛盾を超えて ―

こうした一筋縄にはいかないファッションに対する想いが、自己矛盾と隣り合わせになっているのもわかっている。大量生産・大量消費社会を嫌悪して、一度はこの業界を遠ざけながらも、結局は足を踏み入れることになったのは、やはりファッションが好きだったからだ。

聡は、グラフィックデザインの世界で成功すればするほど、フラストレーションが大きく膨らんでいった。いくらそこで名を上げたところで、所詮はクライアントあっての仕事だ。消費者に直接、自分たちのメッセージを届けたいと思っても、それはなかなか難しい。そのためには人種や国籍、宗教、信条といった壁を飛び越えて感性に訴え、心を動かすファッションという手段は、ものすごく可能性があるように思えた。この産業が、地球環境に与える負の影響が大きいとわかっていても、だ。

実際、ファッションが社会に与えるリスクは数え出したらきりがない。たとえば、環境にやさしいイメージのあるコットンでも、その原料となる綿花の栽培には大量の殺虫剤と除草剤が使われている。環境司法財団が農薬行動ネットワークと共同で行った研究によると、綿花は世界の耕地面積の約2・5パーセントにもかかわらず、地球上で使用される殺虫剤のおよそ16パーセントが使われ、その栽培にかかわる人たちの健康被害が懸念されている。また、服づくりにはさまざまな有害化合物が必要とされ、大量につくれば、それだけ多くの有害物質が排出される。さらに買っては捨て……を繰り返す現代の消費文化のなかでは、処理しきれないほどの膨大なごみが増え続けていく。燃やせば温室効果ガスが出るし、埋め立て廃棄処分にすれば土壌に悪影響を与えかねない。いくらリサイクル技術が発展したところで、それを上回るペースで浪費していたのでは意味がないのだ。そして、これらの問題は一部の企業が改善に取り組む動きがあるものの、決定的な打開策が見えていないという現実がある。

聡と清史にしても、ある程度の数が売れないとビジネスとして成り立たないし、毎シーズンそれを繰り返していかなければならないというジレンマはある。ただ、問題があって解決されていないということは、解決策となるビジネスモデルがまだ確立されていないとも言い換えられる。つまり、ポジティヴに考えれば、それさえ見つかってしまえば一気に状況を打開できる可能性があるということだ。

周囲を見わたすと、ファッション業界には至るところに難題が転がっている。やりがいは十分過ぎるほどある。だとしたら、自分たちのビジネスでそれらを片っ端から解決していけたら、すごくカッコいいじゃないか。

＊

デンマークへの反発心にしても、二律背反の感情の狭間での足掻きながらの反抗だったともいえる。心ないいじめで辛い気持ちを味わったにせよ、基本的にこの国にはなにごとにもフェアであろうとする風潮が強い。報道の自由が厳然と守られ、政府や企業の汚職は他国と比べて非常に少ない。また、子どものころから学校や家庭、あらゆるコミュニティで〝シビル・ソサエティ（市民社会）〟を学び、政府や企業に頼らずに、よりよい社会をつくろうと考えるのが一般的だし、社会貢献をしたいという人も驚くほど多い。

当時の聡と清史の目には、周囲に平和ボケのような空気が漂っていたと映ったかもしれないが、いまのデンマークはひとりあたりの名目GDP（国内総生産）は世界9位だ（国際通貨基金の2016年度調査より）。これは日本の約1・7倍に値し、高福祉国家として国内の競争が少ないのに、国際競争力はトップクラスで、その60パーセントを工業、医療、エネルギー、農業、ICT（情報通信技術）などの特色ある〝輸出産業〟が占めている。

歴史的にもデンマークは小国の危機意識からイノヴェイションやクリエイションを大切

にしてきた。日本ではあまり知られていないが、この国にはグローバル企業の研究開発センターが数多く、世界的なビジネスデザインスクールなども数多く存在する。助成制度がしっかりしているので日本よりもスタートアップがしやすいし、仮に失敗しても失業保険で生活できるため、クリエイティヴな発想が育ちやすいといわれている。いくら聡と清史がデンマークという国に反発を覚えたとしても、彼らを取り巻く環境がその人間形成に大きく作用してきたのはいうまでもない。

そんな割り切れない感情は、成長とともにいろんな想いがごちゃ混ぜになり、かき回され続けていたら、摩訶不思議なものになっていた。それをつくり上げているのは、ガラス作家だった父親の決して上手だとはいえない真っ直ぐな生き方であり、異国に生まれ育った日本人としてのアイデンティティであり、世の中の不条理や不公平と闘うアクティヴィストへの憧れであり、精一杯の反抗をしながらもある側面では認めざるを得ないデンマークという国の姿であった。そして気がつくと、自分たちでも説明できないほど、生まれ故郷のデンマークに対して〝ラヴ＆ヘイト〟ともいえる複雑な気持ちができあがっていた。

僕と、父と、ハービー・ハンコック

ある日、見舞いに訪れた病室で、父親がこう言った。
「ハービー・ハンコックが、うちに遊びに来た日のことを覚えているかい？」

父と世界的ジャズ・ピアニストのハービー・ハンコックは、古くからの友人だった。ふたりともアーティストだったこともあり、共通の友人を介して知り合い、すぐに意気投合したらしい。父とハービーは互いの作品を交換し合うような仲で、父はガラス作品を、ハービーは彼のアルバムを持ち寄り、ふたりはその才能を認め合っていた。ハービーが父にくれたアルバムは、いまでも僕たち兄弟の宝物になっている。

「ハービーはジャズの歴史のなかで、その頂点に立つアーティストのひとりだ。彼とジャズの話をするのは最高の時間だった。彼が師と仰ぐ〝ジャズの帝王〟マイルス・デイヴィスの話を聞いたとき、あるエピソードを披露してくれたんだ」と、父は言った。

ハービー曰く、マイルスは本番前のリハーサルで、音合わせなどの練習をするのを嫌っていたという。一時、彼のグループメンバーに抜擢され、脱退後も彼のセッションにしばしばピアニストとして参加していたハービーに、マイルスはジャズの真髄とはきれいに弾くことでも、正しく弾くことでもないと教え、〝本物〟のジャズはすべて即興なのだ、と語っていたそうだ。迫り来る不安と恐怖に打ち勝ってこそ、自由で、素晴らしい音が生まれる、というのがマイルスの持論だった。

「怖いもの知らず、なのではなく、怖いからこそ勇気をもって挑戦する。その気持ちが大切なんだ。人生も同じ。だから、お前たちも失敗を怖がらないでほしい。むしろ、若いうちにどんどん失敗したほうがいい。その経験がきっと次の成長につながると思うから。安全な道ばかり選んでいたらきっと後悔するだろうし、充実した人生を送ることなんてできやしない。ただ、賢くはあってほしい。一度や二度、同じ過ちを繰り返すのは仕方ないとしても、三度やったらただの阿呆だぞ」

人生は、一瞬一瞬の判断の連続だ。〝失敗を恐れずに、強く生きろ〟というのが、父からのメッセージだった。

これまで「ザ・イノウエ・ブラザーズ」は、数え切れないほどの失敗を繰り返してきた。その経験がいま、僕たち兄弟のいちばんの財産になっている。失敗するたびに自分たちの実力を思い知らされ、毎回のようにそれを乗り越えるためには、今後なにをすべきかを学ぶ。そして人間は、自分たちが思っているより、はるかに強い生き物だということも知った。ちょっとやそっとの挫折なんか、どうってことはない。

自分で自分の限界を定めるなんてナンセンスだ。常にあきらめずに挑戦し続けなければ、明日へと続く道は拓けてこない。そう信じられるのも、あのときの父の言葉があったからだ。

ハービーも黒人アーティストとしてスターダムに駆け上がるまで、人種差別が酷かった時代のアメリカで、僕たちが想像もできないような苦労を重ねてきたに違いない。人生には、楽な道などないのだ。

だが、〝言うは易し、行うは難し〟である。時にはどうしようもなく弱気になってしまうこともあれば、人生のどん底だとも思える最悪の気分を味わうことだってある。そんなときは、立ち上がるための勇気とパワーを与えてくれる人に頼ればいい。そういう人間が、家族や友人、先生といった、身の周りにいればいいが、僕はそれに加えて、父からマハトマ・ガンディーやマーティン・ルーサー・キング・ジュニア、チェ・ゲバラやホセ・マルティといった歴史上の人物の生き方からヒントを見出す術を教わった。ジャンルはなんだっていい。文学、哲学、宗教、音楽など……ありとあらゆる世界に、力を与えてくれるメンターたちは必ず存在する。


いまでもハービーは、コペンハーゲンでライヴを開催するたびに僕たち家族を招待してくれる。そして公演後、バックステージに招き入れ、父との思い出話に花を咲かせる。父とハービーの結び付きの強さが、いまになってようやくわかるようになった。

母の記憶 ― A mother's memory ― 井上さつき

聡の将来は国際弁護士⁉

聡が国民学校の卒業試験の最中、夫の睦夫さんが入院した。それでも聡は、健気に試験勉強に励んでいた。その結果が、進路を左右するからだ。そして学校が終わると毎日、父親の病院に行っては、いろんな話をしていたようだ。フランス語の試験で最高点を取ったときは、病院の看護師さんのほとんどがそれを知っていた。睦夫さんがうれしくて、みんなに話したらしい。英語も最高点だった。聡は父親を大変喜ばせてくれた。顔がかなり痩せてしまっていたけれど、くしゃくしゃとした笑顔は入院前と変わらず素敵だった。聡はそんな父親の最高の笑顔を見たかったのだろう。

そして聡はフレデリックスベア高校に入り、3年間よく勉学に勤しんだ。高校の成績は大学の進学先を決めるベンチマークになるため、非常に重要だ。フレデリックスベアはコペンハーゲン市の一区画でありながらも独立した行政区であり、高額所得者がたくさん住み着いている。そのおかげで、当時のデンマーク国内では税金が2番目に安い地域で、わたしはとても助けられた。

聡の高校の卒業式はフレデリックスベア市庁舎で盛大に行われた。孫の聡が高校を卒業するとあって、わたしの母も日本からその卒業式に駆けつけてくれた。式が終わり、校長との個人面談があり、母とわたしと息子の3人で面談を受けた。そのとき校長に「素晴らしい生徒でした。彼なら将来、国際弁護士も夢ではないでしょう」と言われ、わたしたちは仰天した。日本人の子どもで国際弁護士！　考えてもみなかったことだった。わたしは、それがうれしくて、「勉強、よく頑張ったね」と声をかけた。でも、聡の反応は、予想と違っていた。「お母さんが喜ぶ顔が見たくて頑張ったんだ。自分のためじゃないよ」と。

その言葉は、わたしをとても悲しい気持ちにさせた。聡は、自分自身のためではなく、わたしのために勉強したと言ったのだ。卒業式が終わって何日か経ったある日、わたしは大学入学の申し込みをしたのかどうか、聡に尋ねた。その気配が、少しも感じられなかったからだ。予感は的中した。「僕、弁護士なんか、まったく興味がないんだ。デザイナーになりたいんだよ」と聡。「そんなのダメよ」と、わたしは即座に言い返した。

それから聡は、わたしと口をきかなくなった。朝、顔を合わせたときに「おはよう」と言っても返事がない。夕食のときもひと言もしゃべらない。息が詰まりそうだった。そんな状態が2～3週間も続いただろうか。ひとつ屋根の下で暮らしているのに、まったく会話がない。ある日、それに耐え切れなくなって、わたしは外に飛び出した。心が通じないとは、なんと胸の苦しいことか。街の中心を横切っている外濠に向かって歩いていると、悔しいのか悲しいのか、涙がとめどなく溢れてきて仕方がなかった。

そのとき、ふと顔を上げると、目の前に美し過ぎるほどの夕焼けがあった。その中に包み込まれていくような、不思議な温もりが感じられた。そうしているうちに、なぜか「わたしもこんな夕焼けが描けたらいいな」という気持ちになり、その光景に見とれてしまった。わたしは描けないけれど、聡なら描ける。聡は昔から、絵がとても上手だった。長所を伸ばしてやれないのは、あまりにも惜しいではないか。

自宅に戻り、口を開こうとしない息子を無理やり、自分の前に座らせた。そして、わたしがダメだと言ったのには理由があると聡に説明した。睦夫さんが遺言のように「ふたりを芸術家にだけはさせないでほしい。自分みたいに苦労させるのは辛いから」と繰り返し言っていたからだ。

「でも、聡がどうしてもデザイナーになりたいのなら、わたしは止めない。でも、やるなら100パーセントの力でやり抜きなさい」と、息子に伝えた。その瞬間、満面の笑みが彼の顔に広がった。それ以来、聡はアルバイトを探し、脇目も振らず自分が選んだ道を歩き始めた。わたしは元に戻った空気のなかで、大きく息ができる幸せを噛み締めた。

清史は〝パーティボーイ〟

義務教育の9年間が終わると、清史は無事に高校に進学した。あまり勉強しなかったにもかかわらず、先生が言うには「決して頭の悪い子ではないので、入学基準をきちんと満たしている」とのことだった。清史は、聡みたいに試験の結果をマメに教えてくれなかった。それでも数学と英語の成績は抜群によかったと記憶している。ただ、好きじゃない科目のことは、一切口にしなかった。

英語の場合は、わたしが聞かなくてもどういうわけか教えてくれた。その当時は13点が最高点で、その次が11点、10点と続く。11点を取ったときは、とても残念がっていた。口頭試問でアメリカ英語を話すのを止めなかったのが原因のひとつだった。英語の先生からも清史がブリティッシュ英語を話してくれたら、自分はなんとうれしいことかと言われたが、それでも清史は自分の意志を曲げなかった。


清史の選んだ高校は、1時間近くも電車に乗った後にスクールバスに乗り換えないと行けない場所にあった。しかも、そこは高級住宅街にある学校で、それでも公立校だったのが、わたしにとってはせめてもの救いだった。

清史は、勉強嫌いではあったけれど、せめて高校だけは卒業しておいたほうがいいと思っていたようだ。そこで、いちばん楽に卒業証書を手にする方法を考えた。通える範囲の学校で、その高校だけが日本語を第二外国語として認めていたのだ。日本語授業とはいっても、基本の「あいうえお」からだ。10年間、日本語補習校に通い、日本語に慣れ親しんでいた清史は、ほかの科目の成績が少々悪くても日本語で最高点を取れば、平均点でなんとかなると目論んだらしい。それが、この学校を選んだ最大の理由だった。

校長から保護者に対して、3年間の就学時にはアルバイトをあまりさせないようにという通達があった。でも、それだと友人たちと遊ぶためのお金すらない。そこで清史は、せっせと新聞社でアルバイトをしてお小遣いを稼いでいた。

試験前はよく日本語を第二外国語に選んだ友人たちと合宿して勉強していた。清史が彼らの先生役となり、さまざまな質問に応じる。そのおかげで、みんなの成績も上がったらしい。ほかには、英語とデザインと演劇に興味があったようだ。

高校2年生の半ば、清史が急に「美容師になりたいから学校を中退したい」と言い出した。確かに、高校を出ていなくても、美容学校には入れるだろう。ただ、わたしはそのとき、「お願いだから、高校だけは卒業して。あとで勉強したいと思っても、大学入学資格がなかったら、単位を一つひとつ取得していかないといけないんだよ」とアドヴァイスした。

清史には、わたしの〝お願いだから〟というフレーズが堪えたのだろう。これまで一度たりとも「勉強して」とお願いしたことがなかったのだから。

高校1年生のとき、一度も保護者会や個人面談の知らせがなかった。聡のときは毎年、分刻みで先生たちのところを移動しながらの面談があり、息子の成績を聞いたものだった。なんだか、おかしい。清史の高校にはないのだろうか。

2年生になったとき、それとなく個人面談のことを聞いてみた。清史は悪びれもせずに、「もう終わったよ」と言う。その瞬間、聞いてはいけなかったんだと思った。以来、わたしは成績や個人面談について、彼のほうから言わない限り、聞かないことに決めた。辛く苦しい決断だったけれど、同時にいまでは賢い選択だったとも思っている。

清史はとにかくクラスの人気者で、〝パーティボーイ〟だったらしい。あとで知ったことだけれど、清史が「勉強したくないから、中退したい」と言うと、クラス中の友人が一生懸命に学校に留まるように説得してくれていたようだ。驚くべきことに、わたしは3年間で一度も清史から成績表を見せてもらったことがない。個人面談に行ったこともない。それでも、ちゃんと卒業はできた。

お世話になった先生たちにひと言お礼を言いたいと思い、清史にどの先生にお礼をすればいいのか、と聞いたことがあった。清史の答えはシンプルだった。「いいよ。今日、卒業してきたから」。

ふたりの羅針盤

WORDS OF INSPIRATION

誰かの悪口ばかりで、不機嫌でいたら
悪魔に祈りを捧げているのと同じだぜ。
なぜ、助け合おうとしないのか？
そのほうが、もっと楽になれるのに。
（「POSITIVE VIBRATION」〈作詞／ヴィンセント・フォード〉歌詞の一節より）
If you get down and quarrel everyday,
you're saying prayers to the devil, I say.
Why not help one another on the way?
Make it much easier. (Just a little bit easier)

なんでそんなに悲しんでいるの？

あきらめるのは、まだ早いぜ。

片方の扉が閉じていたとしても、
もう片方はきっと開いているよ。

（「COMING IN FROM THE COLD〈作詞／ボブ・マーリー〉歌詞の一節より）

Why do you look so sad and forsaken?

When one door is closed, don't you know, another is open?

ボブ・マーリー Bob Marley（1945-1981）
ジャマイカ出身のレゲエ・ミュージシャン。その音楽はラスタファリ運動の思想を背景としており、いまだ数多くの人々に多大な影響を与えている。ソロ歌手としてデビューし、1963年からはバニー・ウェイラーやピーター・トッシュらとともにウェイリン・ウェイラーズを組み（後にウェイラーズに短縮）、本国では71年末の「Trenchtown Rock」で不動の地位を築く。76年の「Rastaman Vibration」が全米で大ヒット。81年5月、脳腫瘍を患い、アメリカ・フロリダ州の病院で死去。享年36歳。

ザ・イノウエ・ブラザーズ、成長の軌跡 ｜ Biography

P.153 ｜ **父・睦夫**　**1.**聡1歳。デンマークのユトランド半島東部にある町、エーベルトフトにあった井上睦夫のガラス工房にて（1979年）。**2.**デンマーク女王マルグレーテ2世がエーベルトフトの睦夫のガラス工房を視察のために訪問（1976年）。**3.**聡6歳、清史4歳。スイスへの家族旅行（1984年）。**4・5・6.**聡7歳、清史5歳。コペンハーゲンの一区画をなすフレデリックスベアにある生家での日常風景（1985年）。

P.154 ｜ **母・さつき**　**1.**睦夫による“家族”と名付けられた作品。**2.**さつきが暮らす実家には睦夫がスタジオグラスを志す以前に手がけていた陶器の作品も数多く残る。**3.**壁には睦夫とガラス制作の師匠であるフィン・リンガードさん（上）、さつきの母と息子ふたりが一緒に写った写真をディスプレイ。**4・5.**実家に帰省中の聡（右）と清史。中央がさつき。**6.**フレデリックスベアにある「THE INOUE BROTHERS...（ザ・イノウエ・ブラザーズ）」のスタジオでのデザイン・ミーティング。中央はパタンナーを務める聡の妻、ウラ。

P.155 ｜ **ボリビア**　**1.**山頂に向かって広がるエル・アルトの街並み。**2.**首都ラ・パスからエル・アルトへと向かう乗合バスの車内。**3.**初めて聡と清史が揃ってボリビアを訪問した2008年の写真。国境付近でチリのアリカから乗車したタクシーのドライバーふたりと記念撮影。**4.**エル・アルトから見下ろしたラ・パス市街。**5.**土産物店が連なるラ・パスのサガルナガ通り。**6・7・8.**エル・アルトにある手織りの工房にて。**6**は生産管理マネージャーの女性と一緒に。

P.156 ｜ **コラボレーション**　**1.**2009年開設の“ザ・ショールーム・ネクスト・ドア”。**2.**『MONOCLE』誌との取り組みで2012年秋に発表した“はっぴ”モチーフのカーディガン。**3.**2008年の冬にリリースした「コム デ ギャルソン」とのコラボ商品。**4.**“メイド・イン・東北コレクション”では、アメリカのミュージシャンであり、DJ、音楽プロデューサー、エンジニアとしても活躍するジェームス・マーフィーなど、名だたるアーティストがTシャツのデザインに参加。**5.**2010年には“ドーバー ストリート マーケット”で南アフリカ生産のビーズ・コレクションを販売するポップアップを開催。**6.**ザンダー・フェレイラ（左）と南アフリカのカエリチャのコミュニティ。**7.**2009年春にはニコラス・テイラーの写真を使って「ペンドルトン」とのコラボレーションでシャツを製作。**8.**“ニック”と聡の2ショット。

P.157 ｜ **アロンゾ先生**　**1.**アルパカの原毛チェックをする聡と清史。**2.**パコマルカ・アルパカ研究所の協力により完成した、世界最高峰の品質を誇るアルパカ・ニット糸“シュプリーム・ロイヤルアルパカ”。**3.**パコマルカ研究所ではアロンゾ・ブルゴスさんが周辺の牧畜民たちにアルパカ繊維の品質向上のための技術と知識をシェアするセミナーを開催。**4.**アロンゾ先生の右腕として、先住民たちの生活向上のための活動に取り組むノベルト。**5.**辺境の地、プーノに位置するパコマルカ研究所から見えるアルティプラーノの景色。

P.158 ｜ **アルパカの聖地**　**1・2.**ペルーのアレキパにある取引先の紡績会社にて。アルパカの原毛は、洗浄と乾燥、ブラッシングを繰り返して、撚りをかけていない状態のトップになり、その後、さまざまな糸に紡がれる。**3.**膨大な量のアルパカの原毛を選り分ける女性職人。**4・5.**アレキパのニット会社ではニッティングだけでなく、ウィービング技術にも優れており、検品作業にあたる女性たちはピンセットを片手に、余計な毛が入り混じっていないかをくまなく確認する。**6.**ニットづくりを一から教えてくれた恩人、エンリケ・ベラ。

P.159 ｜ **中央アンデス高地**　**1.**標高4000メートルを超える地点を天空に向かって延びる道路。**2・3.**“ザ・ナチュラルブラック・アルパカコレクション”の商品化のために、「ザ・イノウエ・ブラザーズ」主催の“ピュアブラック・アルパカ・コンテスト”を開催。約3年かけて、どこにいるかもわからない黒いアルパカを探し続けた。**4・5.**2012年には先住民たちの祝祭である“チャク”に参加。現地の人たちと一緒にカラフルなロープを握り、ビキューナの群れを取り囲んで、希少な毛の採取を体験した。

P.160 ｜ **仲間**　**1.**テント持参で、デマントイドガーネットの採掘先であるナミビアのスピッツコップ山の視察に。**2.**ロンドンで行われた『MONOCLE』誌主催のパーティにて。スタイリストの長谷川昭雄さん（右）と同誌のファッション・ディレクター、佐藤丈春さん（2011年当時）。**3.**父の盟友であるジャズ・ピアニストのハービー・ハンコックと。コペンハーゲンでのライヴ終了後。**4.**中央アンデス高地の大空で翼を広げるコンドル。**5.**東京で活躍する「サスクワァッチファブリックス」のデザイナー、横山大介さん（右から3番目）とスタイリストの猪塚慶太さん（右）たちをコペンハーゲン市内にある自治区クリスチャニアに案内。**6.**“メイド・イン・東北コレクション”のムービー製作のためにロンドンから映像チームが来日。左は映画音楽作曲家のソレーニアス・ボンク。**7.**井上兄弟のメンター役でもあるファッション・クリエイターの鶴田研一郎さん。**8.**“ザ・ショールーム・ネクスト・ドア”の運営メンバー。左がフォーデ・シラ、右がトレバー・グリフィス。

2

1

3

4

6

父・睦夫

5

1

2

3

4

母・さつき

5

6

3

1

4

2

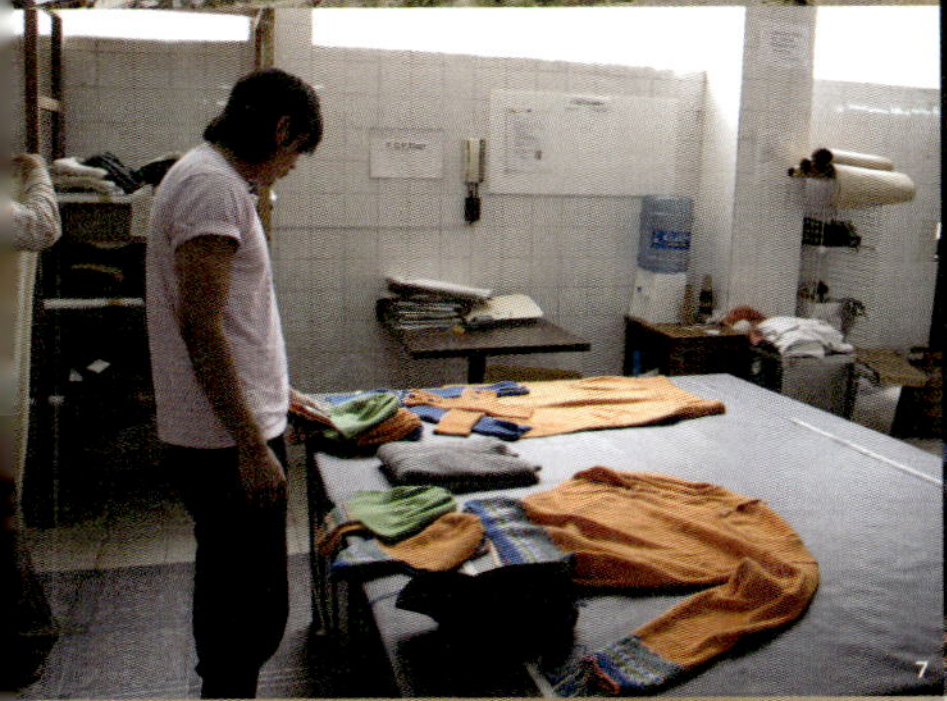
7

5

8

ボリビア

6

3

1

4

2

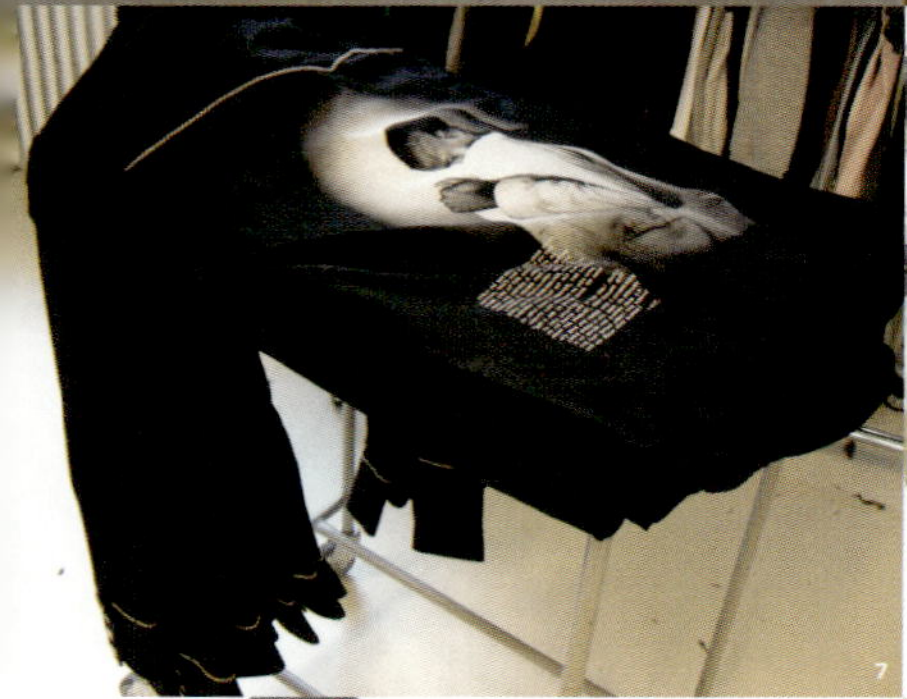
7

5

8

6

コラボレーション

3

1

4

2

5

アロンゾ先生

3

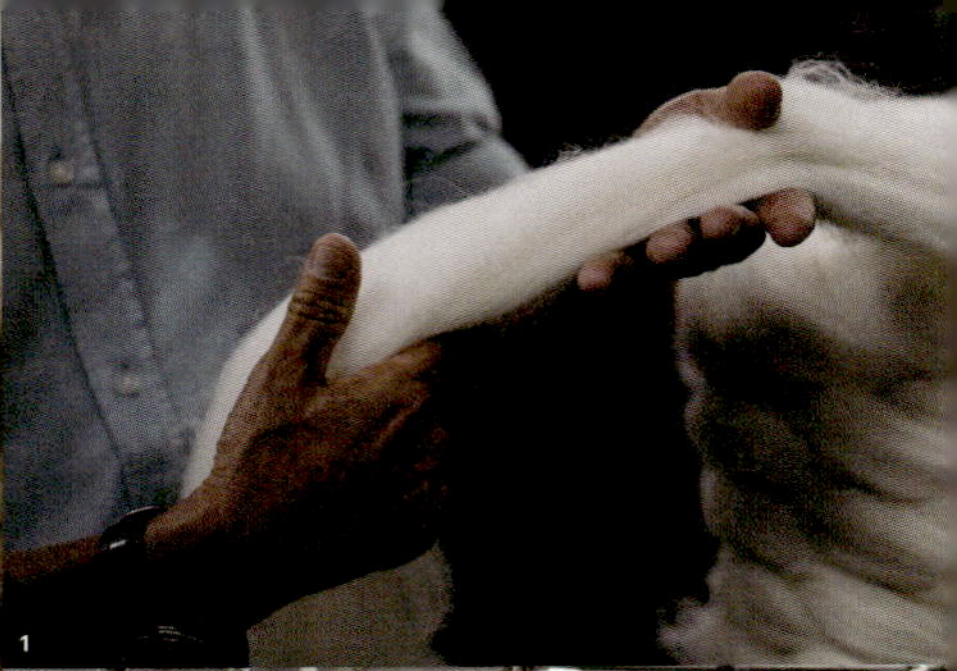

1

2

5

4

6

1

4

2

5

3

3

1

4

2

7

5

8

6

仲間

第5章

迫られた決断

初めてのアンデス訪問から3年目……「ザ・イノウエ・ブラザーズ」は大きな転機を迎えていた。ここが正念場だった。期待した結果が出ていない以上、これまでのやり方を変える必要がある。そして、商品ラインナップも一から見直すことにした。店頭でなにが求められているのか、自分たちの強みがなんなのか。それを理解していなければ、いくら自分たちがいいと思うものをつくったところで、誰にも受け入れてもらえない。

― アルパカの聖地アレキパ ―

アルパカウールのクオリティを左右する重要な要因は、牧畜民たちの生活水準とアルパカの純血度と遺伝、アルパカの年齢、餌と飼育状況、毛の刈り方や手入れ、繊維の細さ、糸の生産方法、ニッティング技術と手作業のスキルだといわれている。ニットウェアの本場はスコットランドとされているが、当時、ふたりが目指していたのは、それよりも繊細で軽い仕立てのイタリア流のスタイルだった。

ところが、オスカ・イェンスィーニュスの助けを借りてメインで取引を続けてきたラ・パスのニット工場では、そうした要望に応えられるだけの設備も技術力も整っておらず、自分たちが理想とするクオリティになかなか近づけない。その結果、品質を貪欲に求めるふたりの姿勢についていけず、「セーターでこれ以上のものを望むなら、うちでは無理だ」とついには音を上げてしまった。

事態は深刻だった。先の予定がまったく立たない。ただ、彼らは「同じアンデス地方で

も手織りのスキルはボリビアが優れているけれど、ニッティング技術はペルーのほうが上だ」と言い、ペルー第二の都市アレキパにある、アルパカウールのニットウェア製造において世界有数の会社を教えてくれた。とはいえ、そこが「ザ・イノウエ・ブラザーズ」の生産を引き受けてくれるという保証はない。そもそも、そんな大きな会社が自分たちみたいな小さなブランドを、まともに相手にしてくれるのか。考えれば考えるほど、とりとめのない不安が膨らんだ。でも、とにかく動いてみるしかない。聡と清史は、すぐさまその会社にコンタクトをとり、現地へ向かうことにした。

インカ帝国の時代から都のひとつとして栄えてきたアレキパは、その建物の多くが近郊で採れる白い火山灰でつくられているため、別名〝Ciudad Blanca（白い街）〟と呼ばれている。標高は2335メートルとそれほど高くなく、高山病の心配もさほどない。気候は一年を通して雨が少なく、年間の平均気温は14度前後。空港からタクシーを利用してホテルのある旧市街に到着すると、燦々と降り注ぐ太陽が白い家々に反射して、街全体を明るい雰囲気が包んでいた。街の中心部はアレキパ歴史地区としてユネスコの世界文化遺産に登録されており、スペイン風のコロニアルな建築物や立派な教会などが残されている。そして、街の至るところからはミスティ山をはじめとする5000〜6000メートル級の3つの火山が見えた。

目当ての会社は、街の中心部から車で10分ほど離れた高台にあった。ふたりが想像していたよりもずっと大きな規模で、あらためて今後の展開が心配になった。ラ・パスのニット工場の10倍はあろうかという広大な敷地内には、南米原産の樹木やサボテン、多肉植物などが生い茂り、その先に巨大な建物が並んでいる。

出迎えてくれたニッティング部門の責任者は、エンリケ・ベラと名乗った。大柄な体軀に人懐っこい笑顔が印象的な彼は、ラテン系特有の陽気さですぐにふたりの緊張を解きほぐし、コンピュータ制御の最新鋭ニットマシンが配備された作業現場へと案内してくれた。この工場は1980年代にイタリアの技術を導入して以来、近代的な設備投資に力を入れ、技術力の探求と品質管理の徹底に努めてきた。それと同時に、先住民たちによる伝統的な手仕事を大切にすることで、ペルーにおけるアルパカ産業の発展を牽引してきたのだという。さらに、エンリケはウィービング（織り）部門の責任者を連れて来て、古代インカの時代から伝わるアンデス地方の伝統柄や色使いなどの説明をしてくれた。

驚きの連続だった。正直、ここまでレベルが違うとは思ってもみなかった。「世界一を目指す」と公言しておきながら、なんと浅はかだったことか。少なからずショックを受け、目標に到達するまでの長く険しい道のりを知った。しかし、服づくりのノウハウも人脈もないまま、ここまでガムシャラに突っ走ってきたふたりにとって、この出会いは大きなターニングポイントになった。これをチャンスに変えて、這い上がるしかない。


アレキパへは「ザ・イノウエ・ブラザーズ」の代表的なコレクションを持参した。エンリケは手にした途端、「これなら、うちのほうがずっとうまくできる」とこともなげに言い、製品見本を見せてくれた。偶然にもそれは以前、聡がリマ国際空港内のショップで見つけ、〝こういうものをつくりたい〟とラ・パスのニット工場に持ち込んだブランドのものだった。そのことを伝えると、エンリケは微笑みを浮かべながら「グループ会社が手がけるアルパカウールのトップブランドで、うちの工場で生産している」と言い、「ただ、手織りのストールだけは、ここまで素晴らしいものをつくるのは難しいかもしれない」と付け加えた。それだったら、今後もボリビアの人たちとも仕事が続けられる。これまでの取引先すべてとの別れを覚悟していたふたりは、彼の最後のひと言に、ほっと胸をなで下ろした。

翌日、エンリケは聡と清史を同じグループの紡績会社にも連れて行ってくれた。工場に入ると独特の匂いと埃が充満し、アルパカ繊維の選別にあたる人たちはほとんどがマスクを着けて作業をしている。この工程には先住民の血をひく女性たちが、代々受け継いできた技術が重要な役割を果たしており、彼女たちは自分の目と手触りだけで原毛を品質に応じて選り分けていた。そのスピーディで正確な手さばきは、まさに職人技の領域だった。その後、選別された原毛は、動物の皮脂や草や泥などの不純物を取り除くために大型機械で洗浄と乾燥、ブラッシングを繰り返して、トップ（毛筋を揃えた、撚りをかけていない繊維束）に加工後、紡績工程を経て、さまざまな糸に紡がれていく。

また、工場内には糸のサンプルルームがあり、貴重なアーカイヴを目にすることもできた。この紡績会社ではアレキパに４つの工場があり、年間で扱う原毛は約４２００トン。そのうち75パーセント程度が糸になるという。

＊

エンリケは話せば話すほど、見た目通りのナイスガイだった。聡と清史はすぐに意気投合し、毎日のように顔を合わせてはニットづくりのなんたるかを一から教わった。

ニット糸には、繊維の太さを表す単位〝マイクロン〟（1ミリメートルの１０００分の1。人間の髪の毛は約70〜80マイクロン）で分類されるランクがあり、その数字が小さければ小さいほど細くしなやかで、市場価値が高いという。同グループの紡績会社が手がける最高級糸の〝ロイヤルアルパカ〟は18・5〜19・0マイクロンほど。ラグジュアリーブランドがよく使用する〝ベビーアルパカ〟が21・0〜23・0マイクロンであり、それに次ぐ

〝スーパーファインアルパカ〟は25・5〜26・5マイクロンで、これらのクオリティを満たす毛質のアルパカは、中央アンデス高地全体でも約5割しか生息していないらしい。

それより太くなると着るとチクチクしてしまい、衣類にはあまり向かないため、主に絨毯などのインテリアファブリックなどに使用される。ちなみにベビーアルパカの〝ベビー〟は、〝赤ちゃんの毛のように細い背中の毛〟のことを意味し、「生後何歳までの毛」という定義ではないというのもエンリケから授かった知識だった。

毛玉の立ち方は1〜5までの数字で表し、カシミヤはだいたい2で、数字が小さいほうが柔らかい分、毛玉が立ってしまう。それが〝ロイヤルアルパカ〟だと4。〝ベビーアルパカ〟は4〜5で、カシミヤと比べると柔らかさはほぼ同じでも倍も頑丈で、毛玉が立ちにくい。そのため、ヘビーユーズが前提なら〝ベビーアルパカ〟のほうが向いている。

エンリケはそんなアルパカ繊維の基本的な知識から、それに適した編み方・織り方までをみっちりと指導してくれた。そして、生産への理解を深めたあとには、いつも決まって酒を酌み交わした。ペルー特産の蒸留酒を使ったカクテルの〝ピスコサワー〟で乾杯し、国民食の魚介マリネ〝セビーチェ〟に舌鼓を打つ。その美味いこと美味いこと。さらに、1週間のアレキパ滞在中に二度も自宅に招待してもらい、奥さんの手料理もご馳走になった。ふたりとほぼ同世代のエンリケは正義感が強く、先住民の人たちに対する差別や偏見の意識がまったくなかった。むしろ、アルパカを飼養する牧畜民たちが報われない状況を憂い、それがアルパカ繊維の品質がなかなか向上しない原因のひとつだと語った。

そして、そうした問題を根本から解決して、アンデス地方のアルパカの素晴らしさを世界中に知らしめるためなら「お前たちを全面的に応援する」と、ふたりへの惜しみない協力を約束してくれた。

ところが、当時のエンリケが勤務するニット会社は効率重視のビジネスが最優先。いくら単価が高くても、トータルで実入りの少ない小ロットの生産はやらない主義だった。ただ、彼は大量生産の時代はいつか終わりが来る、それに備えてハイクオリティな多品種少量生産の土壌を整えておくべきだという考えの持ち主であり、近い将来、ビジネスのやり方自体が変わっていくと予見する〝ヴィジョナリー〟だった。取引を即決できないもどかしさはあったものの、「上司に掛け合うから、あとは俺に任せてくれ」と言ってくれるエンリケは、出会って間もないながらも、ふたりにとって心強い同志のような存在になっていた。

一方のエンリケも、この兄弟の出現で自分の無力さを嘆いてくすぶっている場合じゃないことを痛感した。彼らは、あんなにもパワフルに自分たちの夢に向かって挑戦している。そんなふたりと一緒に仕事ができたら、どんなに楽しいだろう。まるで、人生をかけた冒険じゃないか。想像するだけで、体が火照り、ワクワクと胸が高鳴った。

それから1週間も経たないうちに、エンリケは聡に「お前たちの〝世界一〟を目指す手伝いをさせてくれ」と電話をかけてきた。この言葉に、どんなに救われたことか。あれだけ大きな会社だ。さまざまな人たちの利害と感情、理性が蠢《うごめ》くなか、上層部を説得して特例をつくるのは、並大抵のことではなかっただろう。清史にもすぐ報告したけれど、電話口でふたりとも言葉に詰まったほど、その喜びは大きかった。

〝世界一〟のアルパカセーターをつくりたいという聡と清史の情熱が、エンリケという強力な参謀を呼び込み、それまで少量生産を頑なに拒否していた大会社を動かしたのだ。十数日前、門前払いでも仕方がないと思い、ふたりはアレキパに降り立った。あのときの気持ちを考えれば、夢のような話だった。本当の勝負はこれからだ。

ただ、生産の拠点を移すには、まとまった資金が要る。そのために、さまざまな決断をしなければならなかった。

― 変わりゆく、ふたりの関係 ―

転機を迎えたことで、清史はそれまで曖昧にしてきたふたりの役割分担を、ある程度、明確にしておきたかった。そうした線引きがない限り、聡はどうしても兄としての目線で清史に意見する。清史は聡に甘えてきたという負い目から、反論するにもどこか気後れするところがあった。でも、もう待ったなしだ。爆発寸前のストレスから、相手の気持ちも考えずに頑固に我を押し通そうとする聡の姿は見ているほうも辛い。荒れた聡の心を鎮め、彼に変わってもらうには、まずは自分が変わらなければならない。そのためには勇気をふり絞って、聡が常日頃味わっている辛苦を分かち合う覚悟で、これからは自分も同じだけ汗をかくしかない。

そして清史は、デンマークにあった「ザ・イノウエ・ブラザーズ」の法人登記をイギリスに移し、自分に会社の運営をコントロールさせてほしいと訴えた。聡は黙って、その声に静かに耳を傾けていた。確かに、デンマークは法人税が高額なため、このままの状態が続けば会社を維持していくのが難しくなる。でも、それ以上に言葉の端々から、自分が率先してビジネスを軌道に乗せてみせるという弟の熱い思いが伝わってきた。自身を振り返っても兄として気負うあまり、空回りしていた部分があったのかもしれない。それにこの先、兄弟ふたりがもっと真剣にぶつかり合わなければ、きっと道は拓けてこないだろう。

その後、何度か話し合いを重ね、清史の望み通り、本拠地をロンドンに移すことにした。次のステップに進むためにも、自分たちの意識を変えなければならない時期にさしかかっていたのだ。

＊

こうして手織りのストールの生産はボリビアに残したまま、２０１０年からペルーに生産拠点を移すことにした。これまで取引のあった一部の人たちとの関係を、一旦解消せざるを得なかったのは心苦しかったけれど、これは〝チャリティではなくビジネスだ〟と、何度も自分たちに言い聞かせては納得するほかなかった。それでも、やっぱり苦い思いが心のなかに広がった。ただ、「ザ・イノウエ・ブラザーズ」の活動は、自分たちの満足のためだけにやっているわけじゃない。

世界一のアルパカ・コレクションをつくり、ビジネスとしてきちんとドライヴしていかなければ、社会貢献というスキーム自体が回っていかない。そこに理想と現実のバランスがあり、日々の苦悩と葛藤が横たわっていた。ビジネスである以上、相手に最大限の敬意を払うのは当然だ。でも、そこに上下関係はないし、そんな気持ちも毛頭ない。チャリティではないというのは、そういった情けや哀れみのメンタリティが少しでも出てしまうと対等な関係がくずれてしまうからだ。それは〝傲り〟だと思う。同じ人間として、フラットな立場で接するからこそ、生まれてくる信頼の絆がある。貧しいから、恵まれていないから、自分たちよりちっぽけでかわいそうな存在だなんて考えるのは絶対に間違っている。

でも、取引がなくなってしまった人たちと、どうしたらこの先また一緒に仕事ができるのかをいつも考えている。それはチームだから。兄弟ふたりだけではなんにもできないから。みんなの協力が結実してはじめて理想のコレクションができあがる。そして、自分たちが〝チーム〟と呼ぶ仲間たちとは、いつまでも心の深いところでつながっていたいと思う。そう、大切な家族のように……。たとえ一時であっても、自分たちを支えてくれた仲間たちのことは絶対に裏切れないし、裏切らない。

「ザ・イノウエ・ブラザーズ」が使用するボタンには、〝団結〟のシンボルでもある拳のマークが刻まれている。左手を突き上げ、右手で胸を押さえるポーズをアイコン化したものだ。これまで多くの革命の場で使われてきたその象徴的なマークには、彼らのブランドにかけるある想いが込められている。何百人、何千人いたって、みんながバラバラな行動をとったらどこにも到達できはしない。でも団結した途端、たとえふたりであっても奇跡は起こる。

利潤追求のために大量生産を続けてきた結果、さまざまな矛盾や歪みが生じてしまった世の中を、自分たちの手で少しずつ変えていく。そして、このビジネスにかかわる人間を誰ひとり不幸にはしない。

―― 新しいプロジェクトへの挑戦 ――

南米のアルパカ・ビジネスはメインだけれど、それだけにこだわっているわけじゃない。当然のことながら、新しいプロジェクトを増やしていかない限り、社会貢献の輪が広がっていかないという認識はある。だから、ソーシャル・デザインの文脈に当てはまるなら、いろんなジャンルに挑戦したい。ただ、そのためには時間が要る。たとえ素晴らしいアイディアが浮かんだとしても、満足のいくものができるまでにだいたい2〜3年。そこに〝世界一〟になり得るポテンシャルがあるかを見極め、現地のコミュニティとの信頼関係を築いて、ものづくりの環境を整える。それがアルパカ・ビジネスをやりながら学んだことだった。

長い歴史のなかで受け継がれてきた文化や遺産、手工芸の技術……そういった宝は世界中のあちこちに眠っている。現地ではありふれたものであっても、当たり前すぎて誰かがその価値を見出さないと、いつか消えてなくなってしまうかもしれない。それほど危うく、脆く、儚《はかな》いものだと思う。だから、それらを掘り起こしてはさまざまな角度から光を当て、新しい価値をつくり出す。それが結果として、継続的な支援につながると考えるからだ。

周りからは、アルパカがメインなのにほかのことに手を出すとブランディングがブレてしまうと忠告されることがある。でも自分たちのミッションは、ものづくりを通して社会的に不利な立場にある人たちをエンパワーメントしていくことだ。だから、そこにさえ照準が合っていれば、そういった指摘は的外れだとも思う。

それに〝世界一〟の基準は、品質だけじゃない。独創性だって重要だ。ほかでは見ることのできない唯一無二のものであれば、人はそこに価値を見出すだろうし、つくり手に対して感謝と畏敬の念が湧いてくる。そんなポジティヴなサイクルを、いろんな国や地域で回していきたい。ふたりの哲学は〝サステイナビリティ（持続可能性）〟と〝価値創造〟。今日もまた、〝真の価値〟を探して世界中を飛び回る。

*

幼いころ、父親から〝アパルトヘイト〟について教わった。南アフリカでは17世紀半ばにオランダ人が入植して以降、徐々に人種差別制度・政策が定着していき、1948年より徹底した人種隔離（差別）制度を法制化した。それは全人口の約20パーセントの白人支配層が非白人（黒人、インド・パキスタン・マレーシアなどからのアジア系住民、〝カラード〟と呼ばれる混血住民）を差別し、居住地区を定め、異人種間の結婚を禁じ、参政権も認めないという極端なもので、その体制は1991年まで続いた。国内の差別撤廃闘争の激化とともに、国際的非難の集中砲火、そしてオリンピック参加拒否・貿易禁止などの制裁を受けて、アパルトヘイト関連法はようやく全廃に至ったのだ。

スタジオグラス作家だった父親は、1980年代初めに南アフリカの文化教育省からの招待で、ガラス制作を窯づくりから教えるために同国を訪れ、人種差別の実態を目の当たりにした。そして、それが原因でうつ病になったほど強いショックを受けて帰ってきた。その姿が、いつも頭の片隅にあったのかもしれない。

南アフリカ出身のザンダー・フェレイラとは、2009年にデンマークで行われたヒップホップのミュージック・イベントで知り合った。年齢は、ちょうど聡と清史の真ん中で、聡は最初に出会った瞬間から不思議と気が合うのを感じた。世界中、どこで暮らしていても、同じような想いを抱いている人間には巡り合う運命にあるのかもしれない。これもなにかの縁だと思い、翌日に自宅に招き、そこに清史も合流した。

ザンダーはアフリカ文化の素晴らしさを音楽や写真など、さまざまな表現手段で世界に発信している白人アーティストだった。その彼が「お前たちがアンデス地方でやっていることを、南アフリカでもできないか」と言う。彼はアパルトヘイト廃止後も、その残滓《ざんし》ともいえる深刻な貧困と失業、それに伴う格差などの社会問題が一向に改善されないことに対して、収めようのない憤怒に駆られているようだった。

反アパルトヘイト運動の伝説的指導者で、27年間を獄中で過ごしたネルソン・マンデラは、南アフリカ初の全人種参加となった1994年の総選挙に圧勝し、大統領就任演説で母国を〝レインボー・ネーション〟と言い表した。それは人種や民族の違いを超えて、互いに共存していく〝虹の国〟の実現に向けての高らかな宣言だった。

南アフリカは、公用語だけでも英語、アフリカーンス語、ズールー語、コサ語、ソト語など11種類の言語が存在する。確かにザンダーが言うように、差別撤廃から20年以上経ったいまも、底辺の仕事に就いているのは黒人が多く、そういう仕事からもあぶれる失業者も依然、黒人に集中している。それゆえ、多人種共存という理想は、現状ではひと握りのエリート層だけの現象であることは否めない。しかし、音楽やアート、フード、ファッションといったさまざまな分野でオリジナルの存在感を発揮しており、あらゆる面で大いなる可能性を秘めた国だった。

もちろん、アルパカ・ビジネスのほうが赤字続きだった影響で、重大な決断を迫られているなか、〝なにもこの時期に〟という迷いや葛藤がなかったといえば嘘になる。それでも、憧れだった父親をあそこまで追い詰めたアパルトヘイトとはなんだったのか、その痕跡だけでもふたりは自分たちの肌で感じ、記憶に留めておきたかった。つまり、兄弟にとって南アフリカ行きは義務であり、必然でもあったのだ。ビジネスになるかどうかはわからない。でも、これがブレイクスルーのきっかけになるかもしれない。

＊

ザンダーの誘いでケープタウンを訪れたのは、サッカーW杯南アフリカ大会が目前に迫った2010年の2月のこと。初めてペルーの工場を視察しに行く直前だった。

現地に到着すると、まずは予想以上にインフラが整った近代都市なのに驚いた。南アフリカは豊富な地下資源を原動力にして高い経済成長率を誇り、〝21世紀はアフリカの時代〟といわれるアフリカ諸国のなかでもトップを走っている。政府間では数千億円規模の開発プロジェクトが次々と決定し、一見、国全体が潤っているかのように感じるが、その成長の陰には凄まじい格差があるのも事実だった。

ザンダーに連れられて郊外の〝タウンシップ〟と呼ばれる旧有色人種居住区を歩いてみると、バラック小屋、トタン屋根、木造の粗末な家が当たり前。水道も満足に整備されておらず、強風が吹くと飛んでしまいそうな家々が並んでいる。灼けつくような日差しに乾いた赤い土、走り回る子どもたちに甲高い声で鳴くニワトリ、扉の壊れた共同トイレ……。アパルトヘイトの暗い過去が、そこかしこに影を落としていた。一応、区画はあるものの、ここは非合法な居住区であるため、土地代や家賃は存在しない。

そのなかの一軒を覗かせてもらうと、狭いひと部屋に夫婦と子ども3人が暮らしていた。そこには、いまだ貧困から抜け出せない黒人たちの現実があった。〝コサ族の新たな故郷〟を意味する〝カエリチャ〟と呼ばれるこの地区には、50万人以上の低所得層が暮らし、いまも膨張を続けている。

こうしたタウンシップの居住問題を解決しようと、政府はすべての人に家を与える政策を推進しているが、いまのところ一定の効果しか収めておらず、この問題の解決にはほど

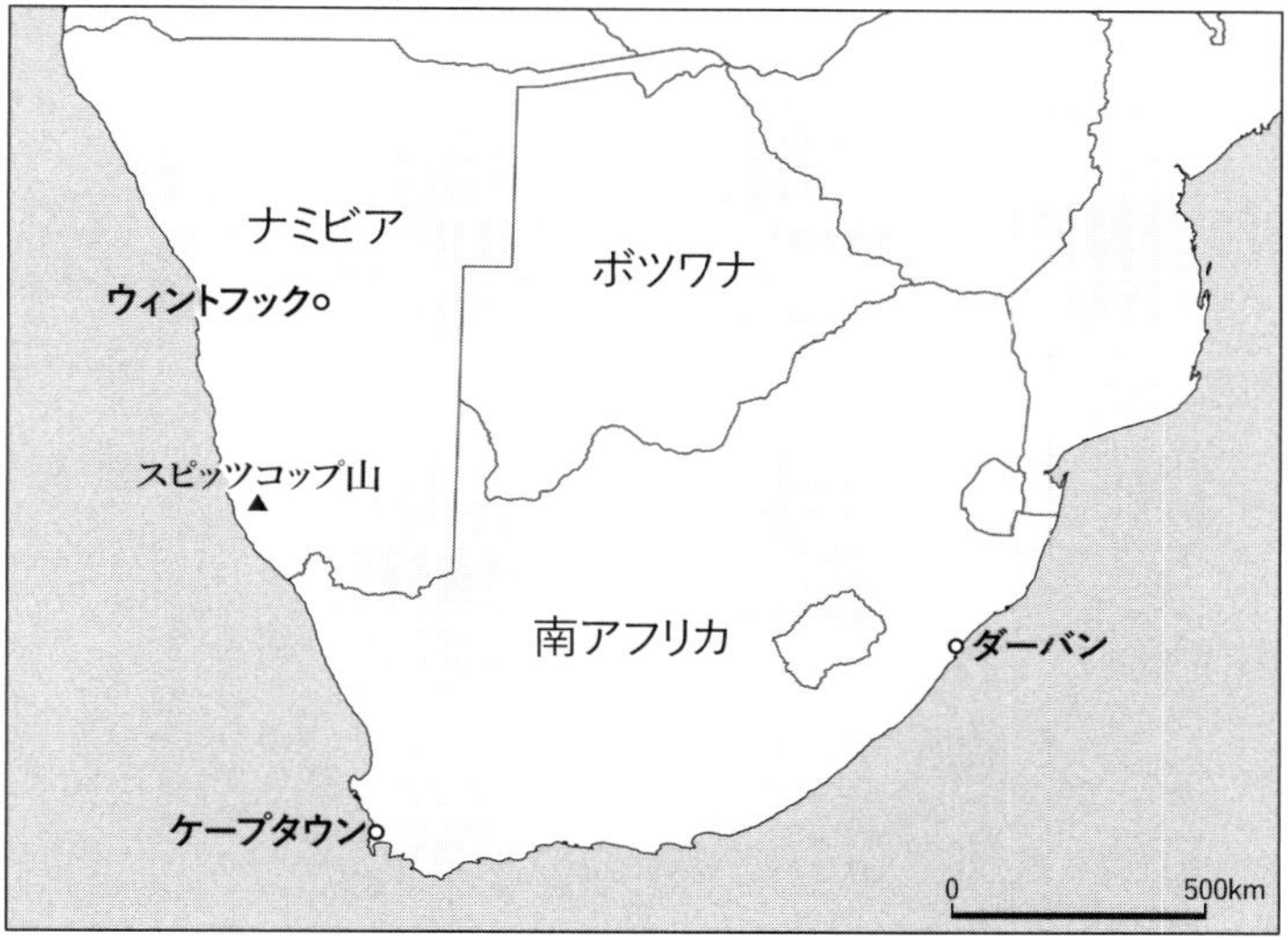

遠い状況だ。だからといって、そこに殺伐とした空気が流れているわけでもなく、どの街角にも元気に遊ぶ子どもたちのはしゃぎ声が響いていた。シングルマザーも多く、夫に先立たれることや蒸発してしまうケースも日常茶飯事だという。それでも、ここに暮らす人たちには不思議なほど悲壮感はなく、むしろ人生を謳歌しているかのようにも見えた。

クワズール・ナタール州エテクウィニ都市圏にあるダーバンは、南アフリカで人口がヨハネスブルグに次ぐ第2位の322万人が暮らす大都会だ。ケープタウンからは飛行機で2時間ほど。ズールー族が多く、街角では英語よりズールー語を聞く機会が圧倒的に多い。美しい海岸線沿いには大型の高級リゾートホテルやカジノなどが建ち並ぶ一方、19世紀にインドから多くの人々が入植したためインド文化の影響が強く、街にはエキゾチックな雰囲気が漂う。

聡と清史は南アフリカに行ったら、どうしても見ておきたい場所があった。ダーバンには、ふたりの子どものころからの憧れだったインド独立の立役者マハトマ・ガンディーゆかりの地が多い。南アフリカはガンディーが自身の人格形成において貴重な経験を積み重ねた国であり、1893年から1914年までの21年間をこの地で過ごしている。そして、ここで受けた人種差別の屈辱体験が引き金になり、後に〝サティヤーグラハ〟と名付けた思想に基づく非暴力・不服従を提唱した。それが人権運動や植民地解放における平和主義的手法として、今日に至るまで世界中に大きな影響を与えている。

ダーバンには、そのガンディーが南アフリカで最初に滞在した場所や頻繁に訪れた場所があり、そこには彼にまつわる歴史上の貴重な記録が展示されていた。ふたりはダーバンにいる間、ガンディーが残した足跡を必死にたどった。「ザ・イノウエ・ブラザーズ」がこれからさらに上の境地を目指し、未経験の地平に踏み出していくための力がほしかったからだ。

― 南アフリカのビーズ細工 ―

ザンダーはアフリカの民族音楽や文化に精通していることから、黒人たちのコミュニティと太いパイプがあり、クラフトワークのグループをいくつも紹介してくれた。そうしたグループの多くは、生産を束ねるマネージャーの指導の下、小さな工房で、あるいはそれぞれが材料を持ち帰って自宅で作業する。刺繍や染め物、ビーズ細工などを視察すると、どれもとても美しく、クオリティが高かった。そして、いつも傍らには小さな子どもたちがいて、作品をつくる母親の周りを無邪気な笑顔を見せながら走り回っていた。

なかでも聡と清史の興味を引いたのは、同国を代表する手工芸品であるビーズ細工だった。アフリカでは紀元前10000年よりも前にダチョウの卵の殻でつくった世界最古のビーズが誕生して以来、ヨーロッパやアジアなど世界各地との交易を通じてガラスや金属など、多種多様な素材を取り入れて独自の発展を遂げてきた。装飾品としてだけではなく、呪術や儀式に使われ、富や社会的地位の象徴、年齢や出身地の証、コミュニケーションの手段になるなど、その役割は実にさまざま。そうやって長年にわたって受け継がれてきた伝統あるビーズづくりは、世界に類を見ない芸術であり、一粒一粒のビーズ玉の細工に込められた技巧と創意工夫の数々にはアフリカの力強い生命の息吹が感じられた。

ビーズ細工のつくり手は女性がほとんどで、年配者から若い人へと部族に伝わるテクニックが教えられる。これらは職業技術の教育だけでなく、社会教育の一翼も担っているのだが、近代化の波とともに伝統的なビーズワークは徐々に衰退し、身に着ける機会は儀式などの限られた場面になっている。ただその一方で、観光客向けの商品として大きな収入源となっている事実もあり、アンデス地方での取り組みとは共通点も多かった。

この地に暮らす人々の生き方もそうだった。困った人がいれば助け合うのが当然とばかりに、同じ場所に居合わせた人同士で飲み物や食べ物を分け合い、見知らぬ人の手を引いて目的地まで案内してくれる。短い滞在期間で、何度も心が洗われるシーンに遭遇した。新しいプロジェクトを立ち上げるには、ぴったりの場所だと思った。秋冬シーズンのアルパカセーターに対して、春夏シーズンのビーズアクセサリー。これが両輪になって成長していけば、一年を通してソーシャル・ビジネスがうまく回っていく可能性がある。

あのとき、あの瞬間 ― Life changing moments ― 井上聡

僕と、父と、マーティン・ルーサー・キング・ジュニア

ある日、見舞いに訪れた病室で、父親がこう言った。
「お父さんがアパルトヘイト時代の南アフリカ政府から、ガラス工芸の技術を教えてほしいと招待されたときのことを覚えているかい？」

僕は4歳だったこともあり、当時の記憶はうっすらとしかない。でも南アフリカから帰国後の父は、明らかにおかしかった。それくらい僕にとっては、強烈な出来事として脳裏に刻まれている。父は毎日、仕事を終えると、自宅の寝室に閉じ籠もり、誰とも顔を合わせようとしなかった。そして、そんな状態が半年近くも続いただろうか。

あとになって知ったことだが、父は南アフリカで目にした人種差別の実態にショックを受け、うつ病を患っていたらしい。でも僕は幼く、そばにいるのに会おうとしない父の考えがまったく理解できなかった。会えない時間は何十年にも感じられ、とても悲しい思い出となった。

人種差別は絶対にあり得ない。父はもう一度、そのことを伝えたかったのだろう。

「あれは本当にひどかった。皮膚の色で人間を差別するのは間違っている。中身はみんな同じじゃないか。血はみんな赤いし、骨は白い。人間はみんな平等なんだ」

同時に父は、差別する側より、差別される側に崇高な考えをもった人物がいたことも教えてくれた。

「聡と清史には、常にいちばん苦しんでいる人たち、虐げられている人たちの味方になってほしい。歴史上、そういう人たちの人権と自由を勝ち取るために、生涯のすべてを捧げた英雄がいるんだ。なかでもマハトマ・ガンディーとマーティン・ルーサー・キング・ジュニアのふたりは、近代社会において暴力に頼らず、時の権力者たちと闘い続けたアクティヴィストだった。彼らの哲学や言葉を学んで、少しでもその生き方に近づけるように努力しなさい」

父は、暴力ではなにも変えられないことを説き、人の心を動かすのは愛と友情であると教えてくれた。


そんな父の話を聞いて、僕は国民学校9年生のとき、マーティン・ルーサー・キング・ジュニアの有名な〝I have a dream〟のスピーチを題材にした卒業論文を書き上げることにした。学校の図書館に行くとスピーチを記録した本が見つかったものの、僕はキング牧師の情熱的な声が聴きたかった。世界中に勇気と希望を与えた、そのときのリアルな空気を感じ取りたかったのだ。当然、インターネットがない時代だ。そう簡単には見つからなかった。それでも必死になって探し回っていると、コペンハーゲン市内にあるアメリカ大使館の図書館に、その音声が資料として所蔵されていることを知った。

彼のスピーチを初めて聴いたとき、鳥肌が立った。感動を通り越して、震えが止まらなかった。そして何度も、何度も、繰り返し聴いては、その言葉を余すことなく、一言一句をノートに書き留めた。〝I have a dream〟は、全人類が共存する世界の実現を願うマーティン・ルーサー・キング・ジュニアの熱いメッセージである。

いまでもよく、そのスピーチをYoutubeで観ては、自分自身を奮い立たせている。卒業論文の成績は、いちばん評価の高い〝Aプラス〟判定だった。

アパルトヘイトの悪夢

スタジオグラスの師匠であるフィン・リンガード先生の故郷で、1年間の御礼奉公を終えてコペンハーゲンに戻ってきた睦夫さんは、1981年の4月からホルムガードで専属デザイナーとして勤務するようになった。朝8時から午後4時まで、月曜日から金曜日までの週5日出勤した。勤務先はコペンハーゲンから南下した地点にあるネストヴェズにあり、毎日、車で約1時間かけて通っていた。いままでの生活とは一変した日常が始まったが、日本、ドイツ、フランス、スイス、ノルウェーやスウェーデンなどへの出張は、相変わらず多かった。

入社翌年の82年に、ホルムガードに南アフリカの文化教育省から、ヨハネスブルグ大学でガラス工芸のデモンストレーションをしてほしいという連絡があった。ガラスの窯づくりから教えなければならないこの依頼に、同社専属のガラスデザイナーであり、当時、ガラス工芸の分野で第一人者であったペア・リュッケンさんは、睦夫さんをパートナーに指名した。睦夫さんはスタジオグラスの経験があり、ガラスの窯づくりからガラス吹きの手ほどきまで、全部ひとりで教えることができたからだった。

いよいよ渡航手続きが始まった。

「ムツオ・イノウエは何者だ？　国籍はどこだ？　アジア人か？　中国人か？」

「もし中国人なら、この大学に招待することはできない。すぐに返答を」

「イノウエは日本人で、国籍も日本だ」

「それでは〝名誉白人〟として迎える」

「名誉白人！」

渡航前から、睦夫さんは不快な思いをすることとなった。


長い飛行機の旅だった。

大学では、ペアさんと睦夫さんは白人の関係者たちに握手で迎えられた。しかし、ペアさんが窯づくりを手伝ってくれる黒人のアシスタントに手を差し出すと、即座に遮られた。もちろん、名誉白人の睦夫さんも同様だった。そのせいで、最初からぎくしゃくした雰囲気だったらしい。

窯づくりは重労働だ。汗をかく。水をたくさん飲む。ボトルが用意されるが、同じボトルで飲めるのはペアさんと睦夫さんだけだった。昼どきになり、大学の校庭で一緒に昼食をとろうとすると、アシスタントとは同じテーブルに座れない。夜になり、どこかで夕食を一緒にと思ったら、今度はアシスタントが行くところにはペアさんと睦夫さんは入れなかった。

「なんという……自分たちに対しても差別だ！」

大学で、いよいよガラス制作の実演が始まった。来ているのは白人の学生ばかり。ふたりへの待遇は政府関係の招待ゆえ、非常に優遇されたものだったが、デンマーク人のペアさんは人種差別には反対の白人だった。そのため、自分への態度と正反対ともいえる、アシスタントへの理不尽な差別を目にするたびに不快感を覚えたようだ。しかし、黄色人種の日本人なのに〝名誉白人〟として迎えられた睦夫さんの人種差別への怒りと不愉快さは、ペアさんには理解も想像もできないほど強烈だった。

1週間の滞在は辛く、長かった。ようやく最後の仕事が終わると、ふたりは南アフリカ金鉱の採掘場に案内された。タクシーでゆっくり外の景色を見ながら現地へと向かっていると、しばらくして道端をぞろぞろ歩く大勢の黒人の姿が見え、採掘現場に向かう労働者の集団だと説明された。

「こんなに遠いのに、バスはないんですか？」

「バスなんてありませんよ。彼らは毎日、歩いて現場へ行くんです」

鉱山に着いてから、彼らの宿泊施設にも案内された。コンクリートでできた長方形の空洞が、四方八方に何列も並んでいた。

睦夫さんは帰国後、南アフリカで撮った写真を見せながら、わたしと息子たちに繰り返しそんな話をしてくれた。「この硬いコンクリートの上で寝るの？」と4歳の聡。「そうだよ。人間を人間として扱っていない証拠だ。よく見ておきなさい」。南アフリカで目にしたもの、経験したものを語るとき、睦夫さんは知らず識らずのうちに厳しい語調になってしまう。わたしは、さぞかし辛かったんだろう、と察するしかなかった。

睦夫さんの怒りと衝撃は、なかなか体から抜けなかった。お酒の量が増えた。しばらく仕事が手につかなかった。それでも自分の弱さを乗り越えようと、自分からガラスを吹きたいと社長に申し出た。

ガラスを吹いていたときの睦夫さんは、とてもうれしそうで、まるで踊っているように隙のない美しい動きをしていた。それをわたしは、何度もスタジオグラスの工房で目にしたものだった。しかし、ホルムガードはガラス職人とデザイナーの組合が違うため、デザイナーはガラスを吹くことが許されなかった。

スタジオグラス作家の睦夫さんは、ガラスに触れない日々が我慢できなかったのだろう。交渉の末、試作品をつくる1カ月間は、工場でガラスを吹くことを社長が許可してくれた。それからは目を輝かせて夢中で制作に没頭し、睦夫さんオリジナルの作品シリーズも完成した。〝ジャスミン・シリーズ〟と名付けられたこれらのコレクションは、会社を通じて数々の展覧会に出展された。

ガムシャラに働くことで、人種差別の悪夢を乗り越えようとしていたのだろう。いままで自由奔放に生きてきた人が、大企業のなかで1年が過ぎ、2年、3年と続き、結局5年も働いた。そして、自分の作品シリーズが完成したのをきっかけに、ひと区切りをつける意味でも、会社を辞めることを決めたのだった。

「よく5年間も働いたね、驚きました。もういいよ、ご苦労様でした」

退社から4年後の1990年に、ネルソン・マンデラが27年間の投獄生活から釈放された。世の中が騒然とした。アパルトヘイトの事実がマンデラの釈放を通して、毎日のようにテレビで放映されていた。

「聡、清史、よくこの現実を観ておくんだよ。歴史を絶対に忘れてはいけないよ」

睦夫さんの瞼の奥に、鋭く光るものがあった。

94年、ネルソン・マンデラが南アフリカで初の全人種参加の選挙で大統領に就任し、アパルトヘイト撤廃が実現した。睦夫さんはそれを知ることも見ることもなく、前年の93年6月にこの世を去っていた。

彼の親友がお葬式のときに、お別れの言葉を贈ってくれた。「普段のムツオは面白くて、とてもやさしかった。しかし、アパルトヘイトのことを話すときは、必ず激しい口調になった。正義感が強かっただけに、冷静なままではその現実を語れなかったのだ。そんなムツオを見たのは初めてだった」と。

4歳の聡と2歳の清史は、父親からその実体験を繰り返し聞かされた。それからの11年間、この強烈な刻印は、特に4歳から15歳になった聡には強く心に刻み込まれていた。44年の短くも凄まじい父親の生き方は、時を経たいまもふたりの心に影響を与え続けている。

ふたりの羅針盤

WORDS OF INSPIRATION

闇は、闇で追い払うことはできない。

光だけがそれを可能にする。

憎しみは憎しみで追い払うことはできない。

愛だけがそれを可能にする。

Darkness cannot drive out darkness; only light can do that.

Hate cannot drive out hate; only love can do that.

人は兄弟姉妹として、
ともに生きていく術を学ばなければならない。
それができなければ、
わたしたちは愚か者としてともに滅びることになる。
We must learn to live together as brothers
or perish together as fools.

マーティン・ルーサー・キング・ジュニア Martin Luther King, Jr.（1929-1968）
アメリカ合衆国のキリスト教プロテスタント牧師。アフリカ系アメリカ人公民権運動の指導者として活動した。1964年にノーベル平和賞を受賞。アメリカの人種差別の歴史を語るうえで、最重要人物のひとり。68年、遊説活動中に白人男性に銃撃され暗殺された。

第6章

覚醒のとき

2010年の2月に始まった南アフリカのプロジェクトは、その年の春夏シーズンになんとか店頭に並べることができた。急に決まったこともあり、スタートはごく小さなコレクションだったものの、ロンドンの〝ドーバー ストリート マーケット〟と〝LN-CC〟、コペンハーゲンの〝ストーム〟、東京の〝インターナショナルギャラリー ビームス〟が取り扱いを決めてくれた。貧困地域でつくられたものだから、シンプルで質が悪いと思うのは偏見だ。そこには、その地域に伝わる洗練された非常に高度な技が使われている。

それは世界でも先進的なセレクトショップが、このコレクションを認めてくれたことが証明している。「ザ・イノウエ・ブラザーズ」の商品が背負っているストーリーを知ってほしい。そして、それに触れることで、身に着けた人の心が少しでも温かくなってもらいたい。そうすれば、ただ服やアクセサリーを買ったという以上の満足感がきっと得られるはずだ。それがファッションの新しいやり方だと思うし、これからのファッションは〝エシカル〟であることが当たり前の時代がやってくる。

― 色鮮やかな独特の配色 ―

ビーズ細工についてじっくり調べてみると、部族によって多少の差異はあるものの、アフリカ大陸で伝統的に重視されてきた色は白・赤・黒で、白は清らかさや神を意味することが多く、赤は血から転じて人生や若さ、または先祖を暗示し、黒はアフリカそのもの、そして成熟、豊かさを意味する場合が多いことがわかった。部族ごとにデザイン性に特徴があり、ケープタウン近郊のタウンシップ、カエリチャのコミュニティは大ぶりのアクセサリーが得意なのに対して、ダーバンの中心地にあるアフリカン・アート・センターを介して知り合った女性たちのネットワークは、細かなネックレスやキーチェーンなどの細工を得意とする。どちらも素晴らしいスキルだった分、その使い分けに頭を悩ませた。

ザンダー・フェレイラが連れて行ってくれたダーバンのアフリカン・アート・センターは、南アフリカの流行の発信地、フロリダ・ロードにあり、ショッピングやアート、食事、ナイトライフなど、さまざまな人が集まる一大観光スポットの一角を占めていた。この施設は文化センターと美術館、クラフトショップがひとつになったような場所で、ショップでは女性が主宰するネットワークが制作したビーズ細工や編み物・織物などを販売している。

南アフリカでは長年、女性の地位が低かったこともあり、貧困層の彼女たちが収入を得る手段が非常に少ない。しかし、女性たちの働きによって所得が増え、一目置かれる存在になれば、いろんなチャンスが広がっていく。実際に、以前は家庭内で暴力を振るわれることのあった女性が、仕事を得ることで自尊心を取り戻し、人間らしい住居を得て、子どもたちを学校に通わせられるようになったケースも多い。ダーバン周辺の地方に暮らす女性たちを組織するこのネットワークも、そんな社会的に不利な立場にある人たちの自立支援活動を行っているグループだった。そこで聡と清史は、そのネットワークの主宰者に自分たちのキーチェーンなどを見せながら、〝こんなふうにしてほしい〟と伝え、ネックレスやネクタイ、ベルトなどのアクセサリー類をいくつかオーダーした。

カエリチャのほうはもう少し複雑で、ここで暮らすコミュニティがつくったビーズ細工をタンクトップやTシャツに縫い付けたコレクションをつくることにした。ただ、ボディにコットン素材を使うのには抵抗がある。コットンの世界的生産地であるインドでは、その栽培に使用される農薬による土壌劣化や地下水の汚染、低賃金労働や児童労働などが社会問題化している。それを知っていたふたりにはコットンにネガティヴなイメージがあり、積極的になれなかったのだ。ザンダーにそのことを話すと、彼は「それなら、ヘンプがいいんじゃないか」と言い、ケープタウンにある知り合いの工房に案内してくれた。

ヘンプ素材は〝大麻〟とも呼ばれる、世界中に20種類以上あるといわれる麻の種類のひとつで、栽培に農薬や化学肥料を必要としない。そのうえ成長が早いため、地球環境にやさしい天然繊維として近年、注目を浴びている素材だ。独特の肌触りがあり、夏は涼しくて冬は暖かい。実に「ザ・イノウエ・ブラザーズ」らしい選択だと思った。

小さな工房の中に足を踏み入れると、南アフリカ産のヘンプ素材でつくったTシャツの製品見本が並んでいた。ザンダーの友人だというオーナーは、腕が確かでセンスもよかった。短時間の打ち合わせの間に、漠然としていたアイディアがどんどんかたちになっていく。そして、首元にビーズ細工をネックレスのようにあしらったタンクトップと、ビーズを世界地図や星型に配したTシャツなどのデザインが決まった。

― ザ・イノウエ・ブラザーズの再出発 ―

清史は共同オーナーを務めるサロンで20人弱のスタッフを抱え、すでに経営を安定させていた。ヴィダルサスーン時代からマネジメント業務に携わっていたこともあり、会社の数字を読むのには比較的自信があった。そうした経験を「ザ・イノウエ・ブラザーズ」の運営に生かすにはどうすればいいのか。毎日のように過去の売り上げを振り返り、考えを巡らせた。自分たちのビジネスは、売れるものをつくらないと意味がない。ファッションがやりたいのではなく、社会貢献が目的だ。兄弟ふたりで繰り返し確認してきたことだけれども、その気持ちが薄れていなかったか。そうでないにせよ、移り変わりの早いファッション・トレンドの渦に巻き込まれそうになっていなかったか。

時代を動かしていくような先鋭的なデザインは、ほかのブランドに任せればいい。自分たちは、シンプルで完成度の高い商品づくりに集中するべきだ。そのことは「ザ・イノウエ・ブラザーズ」のコレクションのなかで、これまで売れた品番を見直してみても明らかだった。原点に立ち返ろう。個性を前面に出すスタイルはひとまず止めにして、売れるものに真摯に向き合おう。清史はペルーでの再出発にあたって、意識的にこれまでとはデザインの方向性を変えていくことを決めていた。聡は反対するかもしれないが、ビジネス上の立場は対等だ。もう遠慮はいらない。ケンカになっても、そこは一歩も引くつもりはない。

ペルーで生産を始めてみると、以前に比べてクオリティが格段に上がったのがありありと感じ取れた。サンプルの段階でこのレベルなのだから、商品はもっと素晴らしいものに仕上がるに違いない。ニッティング技術だけでなく、加工や仕上げに至るまで、その細やかな仕事ぶりは、ふんわりとした手触りからして別物だった。

本番で使用するニット糸は、エンリケ・ベラと相談してグループ内の紡績会社が扱う最高級ランクの〝ロイヤルアルパカ〟に決めた。この糸は繊維の細さでは世界最高峰のレベルだった。デザインを極力シンプルにして、クオリティを最大限に引き上げる。それこそが新生「ザ・イノウエ・ブラザーズ」の特徴として、研ぎ澄ませていきたい部分だった。

デザインの方向性を巡っては、清史が予想していた通り、ふたりの意見が衝突した。でも、最後には聡も全面的に納得してくれた。ロンドンに会社を移して清史がマネジメントをするようになってから、聡と清史の関係性は間違いなく変化した。まず、ぶつかることを恐れなくなった。聡が苛々する回数も減ったし、顔つきが柔和になった。そして、他人の意見に素直に耳を貸すようになった。以前は聡ひとりで抱え込んでいた悩みも、ふたりでやればうまくバランスがとれる。だからどんな局面でも、お互いが同意するまでとことん話し合った。時間はかかっても、絶対に妥協や後悔はしたくない。起死回生のチャンスは、これが最後かもしれないのだから。

*

初めてペルーでつくったコレクションはおおむね好評で、既存の取引先からはクオリティが大幅にアップしたという声が聞かれ、実際に買い付けしてもらえる量も増えた。この方向で間違っていない。これでビジネスに弾みがつく。そんな強い気持ちをもてたのは、「ザ・イノウエ・ブラザーズ」をスタートして以来、初めてかもしれない。確かな手応えをつかんだ。そう思い、ロンドンからアレキパにいるエンリケに電話をすると、彼も自分のことのように一緒になって喜んでくれた。

でも、まだ足りない。デザインに改良の余地があるのはわかっている。あとは、どこを突き詰めるべきなのか。そのために、もっと知識がほしかった。あらゆる領域で、なんでも相談できる協力者の存在が必要だった。

*

このシーズンを最後に、2年間サポートし続けてきた〝ザ・ショールーム・ネクスト・ドア〟は、井上兄弟が考えたコンセプトやグラフィックデザインなどをトレバー・グリフィスとフォーデ・シラに譲り、彼らがそのまま運営を続けていいという条件でPR&セールス契約を解除することにした。思ったような成果が出なかったこともあるし、聡と清史が要求したハードルが高過ぎたこともある。でも、さまざまな場面でこれまでアシストしてくれた黒人コンビとの別れは、まさに苦渋の決断だった。

ただ、彼らは期待していたほどの売り上げは連れてこなかったものの、人と評判は連れてきた。日本の人気セレクトショップ〝インターナショナルギャラリー ビームス〟のディレクターを務める山崎勇次さんもそのひとり。彼はまだボリビア生産だったころのコレクションを見て、荒削りながらもふたりのコンセプトに深く共感し、日本で初めて「ザ・イノウエ・ブラザーズ」の買い付けをしてくれたバイヤーだった。そして、それをビームス副社長の遠藤恵司さんやプレスの佐藤尊彦さんが強力にサポートしてくれたおかげで、まだ知名度がほとんどなかった日本でファッション誌のカバーを飾ることもできた。さらに黒人コンビとの契約解除の翌年には、三越伊勢丹研究所のメンズ・ディレクター、高田喜代彦さんがロンドンに訪ねてくるなど、徐々に日本のファッション業界にもその名が知られるようになっていった。

―― 辺境の地、プーノへ ――

eメールの送り主は、エンリケだった。主な内容は、次のシーズンの打ち合わせについての連絡事項だったが、そこに近況報告として、〝パリのトップメゾンからの依頼で、ロイヤルアルパカを使ったコレクションを生産することになった〟と記されていた。しかも、そうしたブランドはほかにもいくつかあるようだった。知名度や規模で敵うわけがない。服づくりに関するノウハウも、向こうのほうが圧倒的に上だ。そうした商品が広く世の中に出回るようになってしまえば、彼らと同じことをやっていても勝負にならないのは明らかだった。

だったら、それよりも上のランクのニット糸はないのか。なければ、それに代わる手はないのか。エンリケにそう返信した。数日後、エンリケから戻ってきたメールには〝お前たちに会わせたい人物がいる〟と書いてあった。そしてその人こそ、後にふたりが師と仰ぐことになるアロンゾ・ブルゴスさんだった。

アロンゾさんはアメリカの大学を卒業すると、故郷のペルーに舞い戻り、アンデス地方の山々を旅して回った。そこで、インカの時代に連なる先住民の人たちと触れ合い、彼らの生活そのものだったアルパカの存在を知る。アロンゾさんにとって、彼らに寄り添って生きていきたいという感情が芽生えたのは、とても自然な成り行きだった。

そんな先住民たちの文化と生活様式が危機に瀕していた。政府や教育機関からの支援や保護が十分に期待できないのであれば、自分が立ち上がるしかない。そう決意し、いまから30年以上も前に、ペルー南部にあるサバンカヤ火山の麓で彼らの生活水準を引き上げるためのさまざまな活動を開始した。

プーノに拠点を移したのは1992年。当時のアルパカ繊維は、最高峰とされるレベルでも、現在の〝スーパーファインアルパカ〟にあたる25・5〜26・5マイクロンほどだった。ところがそのころ、インカ帝国時代の加工されたアルパカ繊維が17マイクロンだったことを知り、頰を打たれたように愕然とした。長い年月を経ることで、アルパカ繊維の質は向上するどころか、逆にインカの時代よりも大きく悪化（繊維の肥大化）していたのだ。

そして、そうした事実に危機感を抱いた彼は、2000年に実験農場〝パコマルカ・アルパカ研究所〟を設立する。以来、最新の科学技術と専門の獣医学をもとに純血度の高いアルパカ育成の活動を続け、アルパカ繊維の品質向上に努めるとともに、この地方の民俗文化を保護し、再生するサステイナブルな環境をつくる第一人者として活動している。

プーノは以前、訪れたことのあるティティカカ湖の西岸に位置する地域で、アロンゾさんが所長を務めるパコマルカ研究所は、その南に広がるアルパカ放牧地帯の中心地にあった。この一帯は標高4000メートルを超える、地球上でもっとも辺境地とされる場所のひとつで、ケチュア族とアイマラ族を祖先にもつ人たちが多く暮らしている。ちなみに、パコマルカの〝パコ〟はケチュア語で〝アルパカ〟を意味し、〝マルカ〟はアイマラ語で〝国（世界）〟を指す。

決して豊富とはいえないが、ここには牧草と水があり、厳しい自然がアルパカを養ってくれる。天候の変化は激しく、日中は暑い日差しが照りつけるかと思えば、夜には雷を伴った雹《ひょう》が降る。一日のなかに春夏秋冬、一年の季節が全部あるような土地だった。

ふたりはエンリケが運転する四駆車でプーノへと向かった。アレキパのホテルを出発したのが早朝5時。1時間もすると市街地を抜け、坂道を上り始めた。アンデス山中の道路を大型トラックが何台も連なり、猛スピードで走り去って行く。道すがら何度も出くわしたこの光景は、2000年代半ば以降、高い経済成長率を背景にして急激に発展を遂げつつあるペルーの活況ぶりを象徴する一面だった。

ハンドルを握りながらエンリケは「お前たちがやりたいのは、きっとああいうことだと思う」と言い、アロンゾさんのこれまでの活動や人となり、アレキパの自宅からパコマルカ研究所まで車通勤していることや、週の約半分を現地で先住民出身のスタッフたちと寝泊まりしながら働いていることなどを、ふたりに語ってくれた。エンリケはアロンゾさんのことを心底慕っているようで、その話しぶりから彼を尊敬する気持ちが十二分に伝わってきた。そして今回、アロンゾさんは先に到着してふたりの来訪を待ち構えているという。

そのときだった。遠くの山々がゆっくりと輝き出し、神々しいまでに白くきらめいて見えた。ドラマティックな朝焼けの瞬間だ。その圧倒的なスケールは、はるかアンデスにまでやって来たことを、しみじみ思わせるものだった。高度が上がるにつれ、空の青さが際立ち、標高が4000メートルを超えたあたりから、フワッとした感じが続いたかと思ったら、途端に息が苦しくなった。高山病の症状だ。覚悟はしていたものの、それでも好奇心のほうが勝っていた。自分たちでも興奮しているのがわかるほど、ふたりはアロンゾさんに会うのを楽しみにしていた。そして、車内でのエンリケの話がその期待に拍車をかけていた。

途中、湖のほとりを抜けると、風が笛のように鳴り響く、だだっ広い湿地帯を野生のビキューナが群れをなして駆けていった。快適に走れた道路は最初だけで、あとはほとんどが未舗装の悪路。まるで世界の果てにでも向かっているかのような気分だった。車に揺られること約7時間。ようやくパコマルカ研究所に到着した。

―　運命の人との出会い　―

車から降りると、すぐさま白髪頭の初老の男性が、微笑みを浮かべながら近づいてきた。それがアロンゾさんとの出会いだった。気さくで威圧感や偉ぶるところがまったくない。初対面にもかかわらず、オープンに接してくれるその人柄は、すぐにふたりの心を和ませてくれた。

パコマルカ研究所では広大な敷地の中に、約１８００頭のアルパカを放牧しているという。アロンゾさんはここで、繊維品質を改良するための遺伝的選抜計画を行い、アルパカウールをよりよく商品化するための経営実践を学んで、周囲の小規模な牧畜民たちにそれを伝え、遺伝的に優れたアルパカを周囲に供給する活動などを行っている。施設内を案内してもらうと、交尾用に細かく区切られた囲いがあり、別棟には基本的な毛刈り技術や繊維分別手順を指導するためのスペース、毛質向上の知識を広めるためにセミナーを行う部屋などが用意されていた。さらに〝フェリア〟と呼ばれる家畜品評会などのイベントを開催する棟やスタッフの宿泊棟があり、聡と清史はアロンゾさんの説明にいちいち興奮し、その情熱に感服した。

これまではアンデス地方の工場でセーターをつくり、その取引額が大きくなればなるほど、このビジネスにかかわる人たち、そしてアルパカを飼養する人たちの暮らしが潤うと信じてきた。ところが、ここでは科学的なアプローチによる長期プランで、市場の高品質な繊維に対する需要に応え、地域経済を土台から安定させるための取り組みをしている。牧畜民たちの収入が増えれば、不足する生活費を賄うために夫たちが出稼ぎに行かなくてよくなるし、家族が離れ離れにならずに済む。それは先住民の生活様式を保つためのプロジェクトでもあるのだ。

なんと自分たちの考えは甘く、未熟だったことか。その見識のなさを思い知り、無性に気恥ずかしくなった。聞きたいことは山ほどある。アルパカ繊維の品質を上げるにはどうしたらいいのか。なにが自分たちに不足しているのか。どうすれば先住民の人たちの生活を豊かにできるのか。ほかにこの地方に暮らす人たちのために協力できることはないのか。その質問の一つひとつに、アロンゾさんは丁寧に答えてくれた。

一方、アロンゾさんは突然やってきたアジア人のふたりの青年に正直、戸惑っていた。これまで自分に近づいてくる人間の頭にあったのは、儲かるか否かだけだった。ところが目の前で真っ直ぐな瞳を向けてくる兄弟にはどういうわけか、そういうところがまったくない。しかも長年、誰も興味を示さなかった中央アンデス高地で暮らす先住民への支援活動について話を聞かせると、気持ちが昂り、それを学ばせてほしいと前のめりになる。さらに、ファッションをやっていると言いながら、服づくりのノウハウさえもほとんど知らないというのは、アロンゾさんにとってはもはや異星人に近かった。でも、それがかえって新鮮であり、教え甲斐があるとも思った。

料理好きのアロンゾさんが腕を振るい、ディナーをみんなで楽しんだあとは手土産として持参したスコッチウイスキーの出番だった。そして暖炉を囲み、グラスを傾けながらアロンゾさんの話に聞き入った。そこで、ふたりは彼の口から衝撃的な事実を聞かされる。

アロンゾさん曰く、ここ20年間でアンデス高地のアルパカ繊維の品質悪化が著しいのだという。地球温暖化の影響はこの地域の気候にまで及び、生活環境の変化によりアルパカの毛質がなかなか安定しないという要因もある。しかし、それ以上に繊維の品質悪化の大きな原因となっているのは、仲買人によって公正な市場価格以下の値で毛を引き渡すことが強いられており、品質ではなく重量で毛が買い上げられていることだった。しかも、仲買人が存在することによって、アルパカ原毛の価格が20パーセント近く上昇してしまっていた。

アルパカの毛は、同じ一頭でも繊維の質は部位によって大きく違う。牧畜民の人たちの多くは首から背中にかけての毛がもっとも質がよくて高値で売れるということを知らされておらず、重ければ重いほどいいと思っていた。なかには重さをごまかすために、原毛と一緒に砂や水を袋に入れる者までいるという。一方の仲買人は、その整理・仕分けをすることで、アルパカ・ビジネスの美味しい部分にありついていた。つまり、牧畜民の知識・情報不足と仲買人による狡智極まりない搾取の連続が、極度の貧困とアルパカ繊維のクオ

*

リティ悪化という負のスパイラルを生んでいたのだ。

そのために品質改良が必要だった。パコマルカ研究所では、商業的価値を反映した選定基準から優秀なオスを選抜して色と品種を揃えて交配させることで改良を進めているが、この地方のアルパカの約85パーセントは、50～１００頭の群れを所有する貧しい小規模生産者によって飼養されている。近親交配と遺伝的悪化による毛の肥大化は密接に関係しており、そうした事実を〝知る〟だけでも、より多くの収益を得ることにつながる。アロンゾさんが取り組むアルパカの〝遺伝的改良〟は、生産性の低さと飼養者の貧困を克服するための活動でもあるのだ。


翌日、ふたりは周辺の牧畜民を集めたセミナーに参加した。周辺とはいえ、丸2日かけて歩いてここまでたどり着いたという人がいたのには驚いた。中央アンデス高地の広さをあらためて実感し、少しでも多くの収入を得たいという彼らの切実な願いが伝わってきた。参加費は無料。男性だけでなく、女性や子どもたちも熱心に講習を聞いていた。ただ、こうしたアロンゾさんの活動も、最初からすべての人々にすんなり受け入れられたわけではなかった。

この地方の一般的な毛刈りはハサミを使い、刈った毛をまとめて袋詰めしてしまう。そうやって仲買人に重量で売却していたのだが、それだと高品質の原毛の選別が難しくなり、国が定めた正当な価格でも一頭あたり35～40ソレス（ソルはペルーの通貨単位で、ソレスはその複数形。1ソル≒40円）程度にしかならない。ところが、パコマルカ研究所の提唱する方法では電動バリカンを使い、一頭ごとに体のどの部分か見てすぐにわかるように、きれいに畳んでビニールでラッピングする。これなら毛の品質に応じた選別が容易《たやす》く、品質がよければその分、高値で売れる。毛刈りの際のロスをなくし、小規模生産者でも高価な設備を導入することなく、同じ繊維源から従来よりも多くの収益を得ることができる画期的なやり方だった。ただ、変化を嫌う年配の人たちには、初めは話を聞いてもらえなかった。「それでも、いまはだいぶよくなった」と、講習を終えたアロンゾさんは笑いながら言った。

パコマルカ研究所では、アルパカの親子関係や交尾、妊娠、出生、繊維直径とその変異、体重や体高などのさまざまなパフォーマンスと、主観的スコアによって評価された体型形質（密度、クリンプ、房の構造、頭部、被覆範囲、バランス）を記録し、遺伝率などの推定に役立てている。また、家畜管理のためのデータ処理ソフトウェア〝パコ・プロ〟を開発。さらに、繊維品質の改良のためにはより純血度の高いアルパカの育成が必要だという研究報告を受けて、繁殖プログラムでは大学と協力して遺伝的評価を行い、牧畜民たちの訓練プログラムにより、その最先端の技術の普及に努めている。

聡と清史にとって、まさに待ち望んでいた相手だった。アルパカ本来の価値を、きちんと世界に届けようとする姿に心が震えた。アロンゾさんにとっても、ふたりは自分がやってきた活動のよき理解者となり、アンデス地方と世界を〝正しく〟つなぐ、信頼できる相手だと確信した。そうなると、心が通じ合うのは早かった。

―パートナーシップの締結―

ところが、当時のパコマルカ研究所は存続の危機に瀕していた。2008年のリーマン・ショック以降、サポート企業からの援助が減り続け、経営難に陥っていたのだ。そのサポート企業というのが、エンリケの勤務するニット会社が所属する大規模紡績会社グループだった。エンリケはグループ会社内では数少ない信奉者であり、ふたりをアロンゾさんに引き合わせて、なにか化学反応が起こるのを期待した。パコマルカ研究所がなくなってしまうと、自分たちもさらに上のクオリティを目指せなくなる。エンリケは、それを危惧していたのだ。

実際、エンリケの会社でもアロンゾさんのことを〝ヴィジョンがあっても、ビジネスの才能がない。夢を語っているだけだ〟という非難の声が上がっていた。なかなか利益を生み出せずにいるパコマルカ研究所は、サポート企業にとって〝お荷物〟的な存在になっていたのだ。しかし、アロンゾさんもそんな企業の姿勢に対して不満が溜まっていた。せっかく、いまある最高級の〝ロイヤルアルパカ〟よりも高品質の糸がつくれると提案しても、「ロット数が少なすぎて金ばかりかかる。そんな高価なものを誰が買うんだ」とすぐに却下されてしまう。常にビジネスが最優先で、いかに収益を上げるかという話ばかり。しかも、アルパカ繊維の品質を向上させるためには、牧畜民たちの生活水準を引き上げる活動を行うことが必要だと訴えても、白人中心の経営陣は誰ひとりとしてプーノまで視察に来ようともしない。話し合いの余地はまったくなかった。

そんなとき、目の前に現れたのが井上兄弟だった。

＊

昼食を終え、裏山を散策しているときだった。突然、聡と清史はアロンゾさんからパコマルカ研究所の苦しい内情を打ち明けられ、金銭面での支援を打診された。サポート企業から独立採算制での運営を迫られていたアロンゾさんにしてみれば、藁にもすがる思いだったのだろう。ただ、ふたりにも、そんな余裕はまったくない。

聡と清史には、アロンゾさんの知識と経験が絶対に必要だった。それに、アルパカを通じてアンデス地方の人たちの暮らしを豊かにするという想いは一緒だし、そこに一点の曇りもない。だからこそ、先を見据えたビジネスの話をした。いますぐ金銭的なサポートをするのが難しくても、世界一のアルパカ・コレクションが完成できたら、それは必ずこの地方に暮らす人たちの力になるはずだ。自分たちの思い描く将来のプランを必死に訴えた。

それに周囲を見渡せば、この実験農場には素晴らしいアルパカがたくさんいるじゃないか。ふたりには、なぜその原毛を商品化しないのかが不思議だった。ところが、アロンゾさんにしてみれば、サポート企業に新しいニット糸の開発を却下されて以来、それをほかのブランドに売ろうという発想自体をもてなくなっていた。しかし、それも当然だ。高品質な繊維は絶対的に採れる量が少なく、グローバルに展開するようなメガブランドではまず手を出せない。要は、買い手がつくとは思えなかったのだ。ただ、現在のファッション市場で注目されているのは繊維の細さであり、パコマルカ研究所はその最先端の研究に取り組んでいる。つまり、ここにいるアルパカの毛質が、この一帯において最高峰のクオリティであることは間違いなかった。これを「ザ・イノウエ・ブラザーズ」の売りにしたい。聡と清史は、〝世界一〟を目指すにはこれしかないと思った。

一方のアロンゾさんは、自分がいままで蓄えてきた知識と経験を、彼らに分け与えることで、未来に向かって一緒に夢を追いかけられるのではないか。話しているうちに、そんな希望の灯が胸のなかでゆっくりと点《とも》っていくのを感じていた。

こうして両者は、強固なパートナーシップを結ぶことになる。

あのとき、あの瞬間 ― Life changing moments ― 井上 聡

僕と、父と、ホームレスの男

ある日、見舞いに訪れた病室で、父親がこう言った。

「公園でホームレスの男に出会った日のことを覚えているかい？」

僕がまだ幼いころの出来事だ。その日、父はコペンハーゲンにある工芸大学からスタジオグラスの技術を教えてほしいという依頼を受け、大学を見学しに行くことになっていた。僕は、父に一緒に連れて行ってほしいとせがみ、放課後に遠足気分で合流した。

その帰り道、近くの公園を通ると、ベンチにホームレスの男の人が座っていた。顔や手が汚れていて、着ている服もボロボロだった。僕はなるべくそっちのほうを見ないようにして、彼の前を通り過ぎようとした。そのときだ。「坊や、このバナナ食べるかい？」と言って、手に持ったバナナを一本差し出しながら、僕のほうへと近づいて来たのだ。僕は驚くと同時に、即座に彼の真っ黒な手を見て「嫌だ！」と大きな声で叫んでしまった。

その瞬間の父の顔は、いまでも忘れられない。普段はやさしい父が烈火のごとく怒りをあらわにして、僕にこう迫った。

「お前はなにを言っているんだ。ちゃんとお礼をしなさい！」

そして父は「申し訳ありませんでした。息子はまだ子どもで、なにもわかっていないんです」と丁寧にお詫びをし、「喜んでいただきます。ありがとうございます」と感謝の言葉を口にすると、僕をホームレスの男のいるベンチの隣に座るように促して、無理やりバナナを食べさせたのだ。その男は、父とおしゃべりをしながら柔和な表情を浮かべ、僕がバナナを食べるのをじっと見ていた。彼のやさしい眼差しが、なぜか少し痛かった。その後、僕もお礼を言ってホームレスの彼とは別れた、と記憶している。


父は病床で、こう語り続けた。

「あの日、なぜお父さんが怒ったのかわかるだろう？ ホームレスの男を前にしたとき、お前の顔は怯えていた。それを見て、お父さんはたまらなく悲しい気持ちになったんだ。貧しくても、ホームレスでも、人間であることに変わりはない。先入観は、人を誤らせる。人を見た目で判断してはいけないとわかってほしかったんだ」

なにももっていなくても、素晴らしい人はたくさんいる。世界中を旅して回ったいまなら、父の言葉がはっきりとわかる。

「彼は自分が食べるのにも苦労しているのに、お前にバナナをあげようとした。聡と清史には、他人のやさしい気持ちだけでなく、その人たちが抱えている苦しみや悲しみも理解できる懐の深い人間になってほしい。お父さんは、いままでいろんな人と会ってきた。貧しくても心が豊かな人もいれば、裕福でも心が貧しい人もいる。見た目や肩書が優れているからといって尊敬に値するわけではないし、逆にそれらが劣っているからといって見下すような態度に出るのはおかしい。人間にとっていちばん大事なのは、心の美しさなんだ」

〝大切なものは目に見えない〟と、サン＝テグジュペリは著書『星の王子さま』のなかで綴った。父も人間の本当の価値は、目には見えない〝心〟にあると教えたかったのだと思う。

ホームレスの人からもらった、あのバナナ……。いま思い出すと、なかなか美味しかった気がする。

母の記憶 ― A mother's memory ― 井上さつき

父亡きあと

「清史が泣いた！」

睦夫さんがこの世を去ってから、12歳の清史は急に落ち着きをなくした。一時もじっとしていられない。感情が先走ってしまい、それをうまくコントロールできないのだ。「清史、泣いていいんだよ。大丈夫だよ」と声をかけ続けることだけが、わたしができる精一杯の励ましだった。そんな状況は変わることなく、7月5日のお葬式の日を迎えた。

最後に、いよいよ棺が車の中に入ろうとしたとき、突然、「わああっー！」という大声が聞こえた。周囲を見渡すと、清史が泣き叫んでいた。お兄ちゃんがしっかりと清史を抱きかかえていたのを見て、わたしは少し安堵した。

父親のいない生活は、息子たちにとっても、どうしていいのかまったくわからなかったようだ。学校には行かないといけないし、わたしには仕事が待っていた。普段の生活なのに、〝普通じゃない〟毎日をわたしたち3人は過ごしていた。特に聡の様子の変化に気付いてはいたものの、なにをどう話していいのか、わたし自身もわからなかった。

「お母さん、お兄ちゃんはいつも怒ってばっかり！」と清史。本当にそうだった。わたしは「聡、お父さんがいなくなって自分が頑張らなくては、と思う気持ちは本当によくわかるよ。でも君は、清史のお兄ちゃんであって、お父さんじゃないんだよ。お兄ちゃんだけでいいからね」と伝えた。

そのときの聡の表情は、いまでもはっきりと覚えている。可愛いお兄ちゃんの顔に一瞬にして戻ったからだ。


睦夫さんが亡くなってから四十九日に合わせて、分骨の手続きのために帰国した。今後の自分たちの生活を日本にいる家族と話すためだった。わたしの家族は、わたしたちの将来について事前に会議を開いていた。そして、日本で家族以外の人に一時帰国の理由を尋ねられると、そのつど主人が亡くなったことを伝えなければならなかった。

「まぁ、未亡人になられたのですか」

「未亡人は異国の地では大変でしょうね」

やたらと〝未亡人〟という言葉が返ってきた。さて、どれくらい〝未亡人〟と呼ばれるのだろうかと観察心が芽生え、数え始めたら20回以上になった。日本へ引き上げるつもりはほぼなかったが、この〝未亡人〟という言葉ではっきりとデンマークに残ることを決意した。


息子たちにとって、日本語はデンマークでは希少価値として通用しても、日本で教育を受けるとなると、彼らの日本語では劣等感をもちかねず、きっと苦労することになるだろう。さらに、43歳で子連れのわたしが日本に帰っても、満足のゆく仕事はとうてい見つからないと考えた。かえって、日本の家族に迷惑をかけることになりかねない。でもデンマークに残れば、日本航空の仕事も問題なく続けられるし、〝未亡人〟のレッテルを貼られることもない。逆に、〝未亡人〟は社会的弱者として、子どもが18歳になるまで通常の1・5倍の児童手当が支給される。

3カ月に一度、聡が18歳になるまでは清史とふたり分、その後、清史が18歳になるまでの2年半はひとり分の児童手当を受け取った。ふたり分だと結構大きな金額となり、なにかとお金がかかる時期だったので、この制度には本当に助けられた。

デンマークでは私立学校を選択しない限り、基本的に教育費は無料だ。息子たちに勉強する気があれば、その機会は十分に保障されている。チャンスをつかむかどうかは彼らの気持ち次第だった。要するに、学費が支払えないから進学をあきらめるといったことがなく、将来の可能性が閉ざされることがない。安心して教育を受けさせることができたのだ。

日本で聞いた〝未亡人〟という言葉は、自分の伴侶は既に亡くなっていて、自分は未だに亡くなっていない人とも読める。異国での生活が長くなり過ぎて、わたしの日本語に対する感覚がおかしくなっていたのかもしれないが、その言葉には非常にかわいそうな人というネガティヴなイメージが含まれているとしか思えなかった。

しかしデンマークでは、その〝未亡人〟の立場だったからこそ守られ、息子たちを一人前に育てることができた。それに、いろんな辛い時期はあっても、彼らとより強い絆で結ばれた暮らしは、まったく不幸だとは感じなかった。わたし自身も自分探しをしながら、わりと自由に、伸び伸びと生きてこられたのも、デンマークのおかげだと思い、いまは感謝の年金生活を満喫している。

ふたりの羅針盤

WORDS OF INSPIRATION

知ることだけでは十分ではない、それを使わないといけない。
やる気だけでは十分ではない、実行しないといけない。
Knowing is not enough; we must apply.
Willing is not enough; we must do.

友よ、理論なんてものは無機質だが、
生命力は若さのエネルギーで満ちている。
All theory, dear friend, is gray,
but the golden tree of life springs ever green.

考えることはたやすく、行動することは難しい。
そして、自分の考えを行動に移すこと、
これが世の中でもっとも難しいことである。
Thinking is easy, acting difficult,
and to put one's thoughts into action,
the most difficult thing in the world.

ヨハン・ヴォルフガング・フォン・ゲーテ Johann Wolfgang von Goethe（1749-1832）
ドイツの詩人、小説家、劇作家。1774 年『若きウェルテルの悩み』で一躍名声を博し、詩、小説、戯曲などの数々の名作を生んだ。1832 年、20 代から死の直前まで書き継がれた代表作『ファウスト』完成の翌年に永眠。ドイツ文学における古典主義時代を築いた。

第7章

〝ニュー・ラグジュアリー〟という革命

これまではアルパカとともに生きる牧畜民の暮らしをサポートしたいと思っても、どうすればいいのかわからなかった。でも、もう迷ってなんていられない。やるべきことは決まった。中央アンデス高地の牧畜民から売り場までを直接つなぐ。どんなに大変であっても、顔の見える相手と一緒に信念を分かち合い、責任をもってこのプロジェクトをやり遂げる。アロンゾ・ブルゴスさんと話し合い、そう思い定めたとき、ぼんやりとしていた視界が急にクリアになった気がした。

アロンゾさんの指導の下、すぐにふたりが取り組んだのが中間マージンを極力カットして、消費者にはよりリーズナブルな価格で商品を提供し、生産者にはより多くの利益をもたらすことのできる〝ダイレクトトレード〟と呼ぶやり方だった。こうした取引方法はコーヒー豆やカカオ豆などの分野では少しずつ広がりつつあるものの、ファッションの世界ではあまり聞いたことがない。

― まずは、スキームづくりから ―

ダイレクトトレードと似たような取引方法に〝フェアトレード〟というのがある。こちらは国際機関が定めたルールに従い、生産者組合と取引した原材料を使った商品にラベルが貼られる認証制度のひとつだが、知名度はあっても、それを売りにしようと思っていなかった聡と清史にはラベルは必要なかったし、その分の手数料さえもアンデス地方の人たちに還元したかった。だから、原毛の買い取りではパコマルカ・アルパカ研究所だけでなく、彼らのネットワークの生産者たちからも〝言い値〟に従うことをルールにした。実際、牧畜民からは「ザ・イノウエ・ブラザーズと直接取引するようになってから、所得が約25～30パーセント増えた」という声もあったし、そうすることで質のいい素材が自分たちのところに自然と集まってくると考えたのだ。

〝まずは自分が与えなければ手に入らないし、他人の大切なものを奪えば奪われる。そして、感謝できなければ幸せになれない〟。子ども時代、父親にそう教わった。当時は大袈裟だと思ったけれど、世の中に出てみると、本当にそんなふうにうまくできているのには驚いた。騙されたって構わない。仕事でも、これまで何度も裏切られたりもした。けれども、そこから学んだこともたくさんあるし、そういう人がいなかったら、いまの自分はなかったかもしれない。そう考えれば、自然と感謝の気持ちも湧いてくる。

アルパカ繊維の品質を改善するためには、より多くの牧畜民たちにパコマルカ研究所が提唱する正しい知識を身につけてもらい、彼らに協力してもらうことが不可欠だ。そして、それには教育も必要だし、気の遠くなるような時間も手間もかかる。でも、そこに挑戦しなければ、この捻《ねじ》れてしまったシステムを正すことはできない。そうして聡と清史は現地に通い詰めることで、デザインと生産以外にコストがかからない仕組みを着実につくり上げていった。

「チャリティではなく、ビジネス。これはエンパワーメントなのだ」と井上兄弟は強調する。何度もこの地を訪れ、現地のコミュニティと絆を深めていくうちに、この地方のアルパカ産業に従事する先住民たちは、収入が少ないだけでなく、認められないことや尊重されないことにも苦しんでいることを痛感した。だから原毛の調達だけでなく、すべて現地で生産できるニットウェアにこだわった。世界でも最高レベルの仕事をしているというプライドが、本当の意味で彼らの自立を促すと考えたからだ。

これは壮大なミッションである。夢物語だと揶揄《やゆ》する人たちもたくさんいる。でも、どんな夢だって、実現に向かって努力してみなければ、理想には一歩だって近づけない。恐れることはなにもない。

不安に押し潰されそうになると、ふたりは自分たちにこう言い聞かせる。

「Talk is Cheap」(口先だけの言葉に重みはない)

―つくる人、売る人、着る人――すべてを幸せに―

中央アンデス高地一帯で採れたアルパカの原毛は、世界有数のトップメゾンをはじめ、そのほとんどがグローバル市場で取引されている。そして店頭に並ぶころには、生産者である牧畜民たちには想像もできないほどの価格に跳ね上がり、ラグジュアリー品として消費者の手に届くのだ。その一方で、原毛のなかでも品質が劣る部分は、ファストファッションをはじめとするコストコンシャスなブランドの手にわたり、5～30パーセント程度混紡した糸をつくっては、さらに労働賃金が安い別の国に輸送して商品化する。そして、それがあたかも上質なアルパカ製品のように喧伝されてしまう現実がある。

グローバル化した現在の経済システムでは、ひとつの商品が消費者に届くまでに、世界中に張り巡らされた原材料の調達や工場生産および流通のネットワークが動員され、もっとも安価なコストで商品化するのが当たり前になっている。巨大に膨れ上がったアパレル産業も例外ではなく、こうしたサプライチェーンの上流にあたる新興国では低賃金や単純労働などを強いられ、貧困問題や環境問題が新たに生み出されている。

しかし、生産現場との橋渡し役として、さまざまな中間業者が介在するのが一般的なこの業界では、そうした上流で起こっている問題に目が届きにくいのが実情だ。ましてや、ファッションデザイナーや経営者本人がその隅々までを把握するのは極めて難しい。というか、ほとんど無理に近いだろう。ただ、右肩上がりの成長を前提とする大企業には難しいことでも、ふたりにとっては死ぬ気でやればやれないことはない。誰もやっていないからこそ、やる。そうしなければ、この不幸の連鎖は断ち切れない。

〝中央アンデス高地の牧畜民から売り場までを直接つなぐ〟というのは、原材料の調達から生産・販売に至るまで、すべての工程で妥協せず、ベストを尽くしてそのプロセスに携わる人たち全員に敬意を払い、自分たちのものづくりにかける情熱をつないでいくという決意でもある。どこかで、誰かが、苦しまなければならないビジネスなんてもう要らない。残酷な競争でしか成り立たない消費主義のシステムは、いずれ破綻を迎えるはずだ。

自分たちのプロジェクトは、それにかかわる人すべてが幸せになれるのが大前提だ。過去には、きらめく宝石が紛争の資金調達のために利用された歴史もあるし、さまざまな希少な産物は常に争いの原因になってきた。でも、そういうものは絶対にラグジュアリーと呼んではならない。つくる人も、売る人も、それを着る人も、みんなが幸せな気持ちになれるのが、本当の意味でのラグジュアリーだ。そうした信念を、ふたりは〝ニュー・ラグジュアリー〟という言葉で表現する。

これはラグジュアリーの概念を変える、ひとつの革命だ。目指すのは、〝世界一〟と呼ぶにふさわしいコレクションをつくること。そして、〝世界一〟の商品は、絶対に正しい方法でつくられなければならない。

― 日本の職人技術の伝統と遺産 ―

ペルーで初めてアロンゾさんと対面した翌月、ヨーロッパ時間では2011年3月11日の朝だった。ふたりは遠く日本から送られてくるニュース映像に見入りながら、ただただ震えが止まらなかった。いくら想像力を駆使しても、実感がまるで伴わない。夢を見ているような心地になってしまうのは、目の前の映像が自分の経験の範囲をはるかに超えていたからだった。

マグニチュード9・0。日本国内の観測史上最大規模で、1990年以降、世界でも4番目の巨大地震だった。地震発生からおよそ30分後には岩手、宮城、福島の太平洋沿岸部を大津波が襲い、黒い泥水が防波堤を超えていった。さっきまで笑い声が響いていたはずの街が、いとも簡単に壊されていく。あまりにも無残な光景だった。

津波の高さは、その後の調べで最大21・1メートルの痕跡を確認（東京大学大学院　佐藤眞司教授の研究グループの調査より）。陸地の斜面を駆け上がった津波の高さ（遡上高）は43・3メートルが観測されている（郡司嘉宣准教授らの東京大学地震研究所の調査より）。連日、届けられる地震の続報は、さらにふたりを震撼させた。福島の原子力発電所では水素爆発が発生し、放射性物質が放出されていた。相変わらず、テレビからは街が津波に飲み込まれるシーンが流れ続け、幸せだった暮らしが一瞬にして消え去ってしまった被災地の風景を映していた。

東北地方は、エレクトロニクスから手工芸品に至るまで、さまざまな分野において優れた技術力を備えた工場が集積している。それがこの震災で、壊滅的なダメージを受けていた。日本の繊維工業は、古くから市場の需要に合わせて生産を拡大できるよう、協同組合とアパレル企業の提携によって支えられてきた。注文量に応じて、小さな作業所と大規模な工場とが一体となり、世界でも最高品質といわれる衣類を生産してきたのが、この地震で多くの工場が被害を受け、ほとんどの注文が即座にキャンセルされる状況だった。大手アパレル企業の多くが、生産体制が整わないことで生じるさまざまなリスクを敬遠したのだ。

だからこそ、自分たちが応援しなければいけないという想いが日増しに募っていった。どんなに小さなことでもいい。少しでも東北の人たちの力になれないか。日本中の誰もが自分の無力さを感じながら、なにをすればいいのかわからず、焦燥感に駆られていたころだ。そんなとき、聡と清史は毎日のように電話で話し合い、震災の2カ月後の5月には知人に紹介してもらった福島県にある小規模な縫製工場へと向かった。工場主は、ふたりがはるばるヨーロッパからやってきたことを喜び、生産がままならないなかでも「白いTシャツなら」と引き受けてくれた。

そして、このプロジェクトに賛同したLCDサウンドシステムのジェームス・マーフィーやリチャード・ウィンザーなどのミュージシャンやアーティストがTシャツのデザインに名乗りを上げ、2012年春夏シーズンに限定版のTシャツ・コレクションとしてスタートした。こうした友人たちとのコラボレーションは以前、フォトグラファーのニコラス・テイラーと取り組んだ経験が役立った。友人がそのまた友人を呼び、翌年には日本からマルチクリエイターの藤原ヒロシも参加するなど、徐々に支援の輪が広がっていった。

＊

東北のことを調べていくうちに、この地方には日本文化に根差した伝統工芸がたくさん残っていることを知った。ところが、多くの分野で後継者がおらず、いまの職人たちが廃業すると、その伝承が途絶えてしまう。だから、東北の伝統工芸が忘れ去られないように、それを〝かたち〟に残しておきたかった。

東北に残る日本文化の伝統と遺産をファッションと組み合わせられないか。そう考えて生まれたのが、3回目にあたる2014年春夏シーズンのコレクションだった。藍染の生地を胸ポケットにあしらったTシャツを桐箱に入れ、さらに、そこに一人ひとりのつくり手の名前とプロフィールを記した和紙を添え、職人たちへの感謝と尊敬の気持ちを込めた。そして、その和紙には、聡と清史が大好きなイギリスの詩人ジョン・ダンの代表作「何人《なんびと》も孤立した島ではない」（『瞑想録』第17番の一節）も加え、これからも東北の人たちを応援していくことを誓った。

ＪＲ仙台駅から車で約1時間半。日本最古の染色技法を受け継ぐ〝栗駒正藍染〟の工房は、宮城県北西部の栗原市にあった。当時、83歳だった千葉まつ江さんは、４００年以上の歴史がある栗駒式の最後の藍染職人。その技法は、国重要無形文化財（人間国宝）だった義祖母から母親、そしてまつ江さんへと三代にわたり伝承されてきたが、まつ江さんには弟子がいない（現在は、まつ江さんの長男である正一さんと姪の千葉京子さんが技を受け継いでいる）。

和紙には、江戸時代に伊達政宗の命により製造が始まったという〝柳生和紙〟を選んだ。それを手漉きでつくっているのは、仙台市内に住む85歳になる佐藤ふみゑさんで、こちらも後継者がいなかった。「あと数年で、こんなTシャツはつくれなくなってしまうかもしれないね」。寒空の下、清史が寂しそうに呟いた言葉に、聡は胸が熱くなった。

東北の職人たちは、日本の宝だ。彼らの復興に立ち向かう勇気と勤勉さ、そして優れた伝統技術を世界中の人たちに知ってもらいたい。そんな想いから、このシーズンは東北の職人たちを紹介するショートムービーの製作もした。

当然のように続くと思っていた日常が、ある日を境にまったく違うものになってしまう。思春期に突然、最愛の父親を亡くしたふたりには、東日本大震災で大切な人を失った人たちの悲しみが他人事《ひとごと》とは思えなかった。

沿岸部を中心に甚大な被害を受けた岩手県の地方新聞『岩手日報』は、震災から6年目となる2017年3月11日の朝刊に、アメリカ人女性ノーマ・コーネット・マレックさんによる詩「最後だとわかっていたなら」の全文を掲載した。この詩は、子どもを亡くしたマレックさんが1989年に発表した作品で、『岩手日報』ではそこに〝明日が来るのは、当たり前ではない。3月11日を、すべての人が大切な人を思う日に。〟というメッセージを添えた。ムービーも同時に公開され、こちらには〝『震災』を勝手に終わらせない。〟という言葉をインサートして、震災を伝え続ける、という強い意志を示した。

最近、東北の話題をあまり聞かなくなったけれど、被災地ではいまだに更地を通る道路だけが延び、重機の作業音が響き渡っている地域も珍しくない。土砂を積み上げ、盛り土をしている土地には、かつてここに暮らしていた人たちがいた。そしてそのほとんどの人たちが、現在も仮設住宅住まいを強いられている。復興は遅々として進まず、まだ土台づくりの段階でしかない。甚大な被害を受けた土地では、いまも歯を食いしばり、懸命に生きている人たちがいるのだ。そのことを決して忘れてはならない。

震災を風化させないためにも、この〝Made in Tohoku Collection（メイド・イン・東北コレクション）〟のプロジェクトはこれからも続けていくつもりだ。「ザ・イノウエ・ブラザーズ」では取引先の工場に注文が増加して、以前のように独り立ちできるまで忍耐強く応援することで、東北地方をサポートしていく。

―〝神々の繊維〟―

アロンゾさんと初めて会ったとき、パコマルカ研究所には〝ロイヤルアルパカ〟の品質を超える原毛が100キログラム少々あった。でもそれだけだと、商品化するには足りなかった。周辺の牧畜民たちの協力が要る。そのための準備期間が必要だった。すぐに取りかかれない歯痒さはあったものの、彼はふたりに、とっておきのエピソードを聞かせてくれた。

それは、中央アンデス高地に生きるラクダ科の小さな野生動物、ビキューナに関するプロジェクトだった。標高4000メートル以上の高地に生息するビキューナは、性格が極めて臆病で家畜化できないことから、その毛は幻の天然繊維として希少価値が高く、最高級のカシミヤと比べても10倍以上もの価格になる超高級素材だ。そして、その繊維は弾力性に富み、絹のような光沢がある。

世界に存在する毛繊維のなかでももっとも細く（11・0～14・0マイクロン）、柔らかい素材で、インカ帝国時代は〝神々の繊維〟と呼ばれ、金や銀よりも高価なものとされていたという。当時は、王族しか身に着けることが許されず、人々にとっては聖なる動物であり、〝純金のコートを着た美しい乙女の生まれ変わり〟だと信じられていた。それがスペイン人による征服が始まると、最初はコンキスタドールによって、後にはその上質な毛を目当てにした密猟者たちによる組織的な乱獲もあり、1960年代にはビキューナの数が

4万頭にまで減少。ワシントン条約（CITES）で第一種指定動物（絶滅危惧種）に認定され、その保護のためにビキューナ繊維の交易が禁止されていた。

それを政府に働きかけ、世界的ラグジュアリーブランドなどが加入する国際コンソーシアムと協力しながら、その毛の採取再開に奔走したのがアロンゾさんだった。中央アンデス高地に暮らす先住民たちに採取権を与えると同時に、保護責任を負わせ、その代わりに繊維の販売から得た収益を、彼ら先住民に還元する仕組みをつくり上げたのだ。そしてビキューナの生息数は、この活動を開始したころの1995年に9万8000頭だったのが、現在では18万頭にまで増加。アロンゾさんらの尽力により、現地にポジティヴな変化をもたらしたことが実証されている。

アロンゾさんにはそれと同時に、中央アンデス高地にインカ帝国の時代から伝わる〝チャク〟と呼ばれる儀式を復活させるという夢があった。四百数十年前に途切れてしまっていたその追い込み猟の伝統を、ようやく実現できたのは1993年のこと。チャクが行われる〝特別な〟日には何百人もの人が集まり、大声を出し、笛を吹いて、ビキューナの群れを誘導すると、大勢の人々で輪をつくりながら、ゆっくりと採取場へと追い込んでいく。ここでビキューナを入念に選別し、幼いビキューナや毛が2センチ未満のビキューナはすぐに囲いの外に放される。そして毛の採取に適したビキューナをマットの上にやさしく寝かせ、すぐに解放できるよう素早く電動バリカンで刈り取るのだ。成獣のビキューナから採取できるのは2年に一度。その量は一頭あたりわずか200～250グラムほどしかなく、整毛工程を経ると残る繊維は8割程度になってしまう。

アロンゾさんの話を聞いて、好奇心がむくむくと湧いてきた。チャクにはぜひ参加してみたいし、それほど素晴らしい繊維なら、後学のためにサンプルづくりだけでも挑戦したい。持ち前のチャレンジ精神が刺激され、その思いに歯止めが利かなくなった。

生息数が少なく、保護動物に指定されているビキューナは、ペルーの国章の一部に描かれているほど大切な動物であり、毛が細く、短いため、紡績には高度な技術が必要とされる。そのため、同国内でもごく限られた会社だけにしか加工・生産が許されていないのだが、エンリケ・ベラは自信満々に「うちのグループは、ビキューナの取り扱いも世界トップレベルだ」と言う。それなら、臆することはない。エンリケの言葉を信じて、やってみようじゃないか。

＊

こうして2012―2013年秋冬シーズンのコレクションと一緒に、ビキューナを使ったセーターとカーディガン、マフラー、ストールをつくることにした。ただ、「どこよりも素晴らしいクオリティで」とオーダーしておきながら、ふたりにはビキューナについての知識がほとんどなかった。しかも笑えないことに、それがどれくらい高価なのか見当もつかず、エンリケからサンプル制作にかかる費用を教えてもらったら、用意していた予算ではとても賄えそうにない。残っていた資金をなんとかかき集めて、ようやく支払えたというドタバタぶりだった。

それでも、できあがったものを手にしたときは胸にぐっときた。その繊維は、いままで触ったことがないほど、細く、羽根のように軽く、高級感に溢れる独特の光沢があった。これで〝世界一〟への一歩を踏み出そう。ふたりは決意を新たにした。

― 生き残りをかけた選択 ―

いろんなことが同時に進んでいた。順調な滑り出しに思えた南アフリカのプロジェクトは、困難の連続だった。まず、なにをするにも予定通りに進まない。直営店をもたない「ザ・イノウエ・ブラザーズ」は、納品のタイミングを逃すと、店頭で販売する機会を失ってしまう。取引先との信頼関係上、これは大きな問題だった。特にタウンシップのカエリチャは道が整備されていないし、素材の配布と納品する製品の回収が大変なのはわかる。ある程度は覚悟していたものの、ビジネスである以上、大幅な遅延は致命的だ。

そんなとき、決定的なトラブルが起こってしまう。2年目にカエリチャのコミュニティを束ねる女性マネージャーの家族が行方不明になり、それを探しに行った彼女とも半年以上、連絡が途絶えてしまったのだ。どこまでビーズ細工の生産が進んでいるのか。それをTシャツやタンクトップのボディに縫い付ける時間はあるのか。状況がまったく把握できない日々は、神経がすり減るだけの毎日だった。結果的に、なんとか予定していたスケジュールには間に合ったものの、生産環境が整っていない南アフリカで、これをこのまま続けていくのはあまりにも精神的な負担が大き過ぎる。いまの自分たちには、それを支え切れる実力も体力もない。そう思い、南アフリカでの活動は一旦休止するほかなかった。

時を同じくして、ザンダー・フェレイラの友人からの頼みで、〝緑のダイヤモンド〟と呼ばれる宝石、デマントイドガーネットを使ったジュエリー・ビジネスの可能性を探っていた。こちらは、南アフリカの北西に位置する隣国ナミビアでの取り組みだった。当時の聡と清史は、春夏シーズンの核になるものを早く見つけなければ……という焦りが大きかった。そのため、これまでふたりの活動を温かく見守ってきた家族でさえも、心配のあまり〝いろいろ手を出し過ぎじゃないか〟と忠告の言葉を口にした。でも、そうなると余計に意地を張ってしまう。周りからみれば、この時期の「ザ・イノウエ・ブラザーズ」は、迷走しているように見えていたかもしれない。

ザンダーの案内で、首都のウィントフックを経由し、車にテントを積んで採掘先であるナミブ砂漠のスピッツコップ山まで行ったこともある。魅力的な話ではあったものの、当時の「ザ・イノウエ・ブラザーズ」は経済的にいちばん苦しい時期だった。ジュエリー制作は初期投資が大きく、やるとなると生産環境のすべてを自分たちで整えなければならない。外部デザイナーの選定を含め、1年以上リサーチに時間をかけたものの、最終的にこの一件は見送ることにした。やらないという勇気も必要であり、それは生き残るための決断だった。

―― パリの風景 ――

コレクション発表の場は、2012―2013年秋冬シーズンからパリに移すことにした。トレバー・グリフィスとフォーデ・シラのおかげもあって、ロンドンで少しは知名度が上がったものの、ファッション業界全体から見れば、まだ駆け出し同然のブランドだ。それなら、やっぱり多くの関係者が集まるパリで勝負したほうがいい。

4年前に聡ひとりで乗り込んだときは、散々な結果だった。いまでも、あのときの心許なさや張り詰めた気持ちは、昨日のことのように思い出せる。でも、あの経験があったから、自分たちはこれほどまでに〝世界一〟に執着し、ここまでたどり着くことができた。しかも今回は、ペルーで素晴らしいパートナーたちに出会い、清史も一緒だ。自信をもって、もう一度パリに戻ることができる。

ただ、当時のふたりは、まだブレッド&バターに出展したときの苦い記憶を引きずっていた。自分たちのブランドを理解してもらうには、来場者の一人ひとりときちんと話せる時間が不可欠だ。そうすると、必然的にアポイントメント制にならざるを得ないし、そのせいでそんなに多くの人々に見てもらえないかもしれない。それでも「ザ・イノウエ・ブラザーズ」が第一歩を踏み出した場所を再出発の地に選ぶのは、意味があるような気がして、悪くないアイディアだと思った。幸いにも、清史の知人がショールームの空いている部屋を貸してくれると言っている。

＊

展示会2日目の午前、清史のiPhoneが突然、鳴った。画面には、展示会の会場を貸してくれたショールームのオーナーの名前が表示されている。電話に出ると、彼女が扱っている別のブランドの商談に来た日本人バイヤーが、ドアの隙間から見えた「ザ・イノウエ・ブラザーズ」のニットウェアに興味を示したらしく、「すぐに戻ってきて」と言う。彼女は「メジャーなリテーラー（小売業者）だし、これはチャンスよ」と早口でまくしたてるものの、ふたりはパリでジュエリーデザイナーをしている友人と会場から離れたカフェにいた。当時、ビジネスの可能性を探っていたナミビアの宝石について打ち合わせをしている最中だったのだ。

勝手に見られて、判断されるのは本意じゃない。そのためのアポイントメント制だ。「いまは無理だから、明日来てもらえるように伝えて」と一旦は断った。ところが数分後、清史に再び彼女から連絡が入る。聡には、清史の顔がみるみる曇っていくのがわかった。

「もう部屋に入ったらしいけど、どうする?」。清史が片手にiPhoneを持ったまま、聡に目を向ける。仕方がない。それでも、きちんと応対したほうがいい。あとの打ち合わせは聡に任せて、清史はタクシーでショールームへと急ぐことにした。

来場していたのは、日本でいくつものセレクトショップを運営するトゥモローランドのバイヤー、竹田英史さんだった。彼は「ザ・イノウエ・ブラザーズ」のことを知らず、「偶然、これまで目にしたこともないニットウェアを発見した喜びから、断りなく入ってしまった」と言い、ひと言詫びると、その後、熱心にいろんな質問をしてきた。清史が苦手な日本語で、ブランドの生産背景やビジネスの仕組みなどを一生懸命説明すると、竹田さんはそのたびに目を輝かせ、疑問に思ったことをすぐに聞き返してくる。彼にとって、これまで付き合いのあったどんなブランドとも違う「ザ・イノウエ・ブラザーズ」のスタンスが新鮮だったのだろう。気が付くと2時間近く話し込んでいた。

そして初めての取引にもかかわらず、後日、正式に大量発注したいという連絡があったうえ、ビキューナのコレクションまでオーダーしてくれたのには、驚きを通り越して恐ろしくなった。正直、記念になればと思ってつくったサンプルだ。ラグジュアリーブランドのそれと比べて3分の2程度の価格とはいえ、日本円での販売価格はセーターで40万円、カーディガンで60万円にもなる。こんな高価なものが、まさか売れるとは……。うれしい誤算だった。

日本ではまだビームスとしか取引がなかった時期だ。当時のふたりには、どこか特定の国や地域に注力しようという意識がほぼなかった。それゆえ、日本での販売チャネルの開拓に対しても無頓着だったし、日本のマーケット状況についても疎かった。実際、買い付けをしてくれたトゥモローランドがどんな会社なのかもよく知らなかったほどだ。それよりも、世界中の人たちに自分たちのメッセージを届けたいという気持ちにこだわり過ぎていたのかもしれない。でも、利益が出ないことには、社会貢献の歯車も回っていかない。
もしかしたら、自分たちのもうひとつの故郷に、大きなチャンスが眠っているのではないか。清史は、「ザ・イノウエ・ブラザーズ」のストーリーに深い理解を示してくれた竹田さんとの会話から、その可能性を直感的に感じ取った。それにこの先、東北でのプロジェクトのために日本を訪れる機会が増えていく。それなら、店舗情報などをもっとリサーチして、必要ならプレゼンテーションの場を設けたほうがいい。それがパリで得た貴重な発見であり、収穫でもあった。

目の前に、霧に煙るエッフェル塔があった。その幻想的な風景に、少しだけセンチメンタルな気分になった。前回、聡がひとりで訪れたときは、そんなことはまったく気に留めていなかったし、パリの情緒ある景色を楽しむ余裕なんて全然なかった。でも、いまは違う。ともかく、自分たちの力で初めての展示会をやり遂げた。そして横には、その興奮と満足とが入り交じった笑顔を浮かべる清史がいる。

あっという間の10日間だった。パリで展示会を行ったからといって、すぐに売り上げが伸びるわけがないし、それは覚悟のうえだった。けれども、ふたりには兄弟一緒にパリの地を踏むことのほうが重要だった。

ヴィダルサスーン美容学校

清史が高校を卒業したのは、1999年6月だった。わたしが勤務していた日本航空のコペンハーゲン支店が閉店したのが、その年の4月。デンマークでは仕事を辞めるとき、20年以上勤務した場合、退職金の特別手当があり、会社は閉店時に最低9カ月分の給料を支払う義務を課され、税金の優遇措置もあった。

当時、旅客販売部では、わたしを含め、3人の日本人が働いており、わたしたちは〝立つ鳥あとを濁さず〟を合言葉に、残務処理に追われていた。けれども、わたしは2月15日付でフィンランド航空への再就職が決まっていたため、みんなより1カ月半早く退社することになっていた。せっかく採用通知をもらえた会社だからと、支店長が早期退社を特別に許可してくれたうえ、3月末まで在籍ということにしてくれたので、その間の給料を2社から受け取っていたことになる。

しかも、最後までなんの不満も言わずに黙々と後片付けをしていたためか、支店長は9カ月どころか、それに5カ月分をプラスした合計14カ月分の退職金を支払ってくれた。これには本当に驚き、感激も大きかった。

将来、美容師になりたいという清史には、ロンドンの〝ヴィダルサスーン〟が経営する〝サスーンアカデミー〟への入学をすすめることにした。わたしが調べた限り、世界トップレベルの技術指導をしてくれる美容専門学校だったからだ。しかし、授業料が驚くほど高い。普通のサラリーマン家庭なら、手放しで送り出すには難しい金額だと思った。しかし、予想外の退職金が入ったいまならできる。申し込みをしてみると、10月5日開講のクラスから外国国籍の生徒の消費税20パーセント免除が取りやめになるという知らせがあった。その前に入学金の支払いを済ませれば、免除にはまだ間に合う。絶好のチャンスだ。「清史、それ行けー！」。

清史が申し込んだクラスは9カ月コースで、ロンドン滞在は1年間ほど。日本国籍の清史には滞在ビザが必要になる。そこで、デンマーク国籍の申請もした。その取得が早くて12月になるから、ちょうど3カ月後だ。タイミングも悪くない。

入学式の前日が入学金の支払日にあたり、わたしと清史はその2日前にコペンハーゲンからロンドンへと向かった。ホテルの予約もせず、友人から紹介してもらった知人の住所だけが頼りだった。現地に到着すると、その人は留守で、わたしたちは途方に暮れた。そして、アパートの周囲をうろうろ歩き回っていると、かわいそうに思われたのか近所の人が自宅に招き入れてくれ、紅茶をごちそうになった。あのときのティータイムは、いまでも忘れられない。

紹介された知人は、夕方にやっと戻り、わたしたちを別の場所へ案内すると言った。胸に不安が広がった。案の定、そこは20人ほどが同居するアパートで、全員がブラジル人だった。英語を習得するために、ロンドンに短期留学で滞在している彼らの宿泊所となっていたのだ。わたしと清史は二段ベッドがふたつ並んだ部屋に通されたが、そこは男女共同の部屋だった。ベッドの前の洋服ダンスはきちんと扉が閉まらず、わたしは惨めな気持ちになるしかなかった。

明日、支払わなければならない入学金を現金でもっていた。外国への銀行送金が、いまほど普及していない時代だ。わたしはパジャマに着替えることもせず、そのままお金を抱いて眠った。なんということだろう。自分の無鉄砲さに、半ば呆れることになった。

翌日、清史は「お母さん、ここを出よう。こんなところにいたら、僕は頭がおかしくなりそうだ」と言った。「早くオックスフォード通りに出て、美味しい朝食をとって、次の行動を考えよう」とも……。まったくその通りだった。

外は、雨が降っていた。ふたりは濡れるのも気にせず、足早に歩を進め、おなかをいっぱいに満たしたあと、これからどうするのか作戦を練った。清史の行動力と機敏さが、わたしの唯一の救いだった。そして、助けてくれる人が現れるのを祈った。なんと世間知らずの親子だったのだろう。わたしは入学金を支払い、その日のうちにロンドンを去った。

清史を救ってくれたのは、ロンドン留学中の高校時代の友人だった。彼に連絡すると、幸いなことに「しばらく自分のアパートに居候してもいい」と言ってくれたそうだ。〝サスーンアカデミー〟には、日本からもたくさんの留学生が来ていて、日本人だけの特別クラスがあった。でも、清史はそのクラスには入らなかった。デンマーク生まれの清史は、日本語よりも英語が得意だったからだ。

おばあちゃん奨学金

初心者向けディプロマ（修了書）コースの修得試験を間近に控え、清史は夜遅くまでカットの技術向上とモデル探しに懸命だった。一方のわたしは、銀行残高とにらめっこ。

おかしい。どうしていまごろマイナス残高なのだろう。やっぱり、おかしい。1年分の授業料と生活費は確保していたはずなのに……。そこで、日本航空支店閉鎖時の退職手当の書類に目を通してみると、「あっ！ 最初の金額だけ見ていたんだ。納税後の銀行入金額を気にしていなかったためか」。税金が高いデンマークに暮らしているのに、すっかりそのことを忘れていた。

でも、気付いたのがいまでよかった。もし、最初から入金額を見ていたら、「清史、それ行けー！」とは言えなかったかもしれない。

どうしても、お金を捻出できない。清史に、生活費を送れない。もう少しで卒業なのに。年金暮らしをしている母には頼めない、でも、ほかに頼れる人はいない。そこで、親不孝だと思いながらも、思い切って母に相談してみた。

「いくらいるの？　ああ、そう。清史に、そのお金をおばあちゃんがあげると言ったら、絶対に断るだろうね。甘やかしてもいけないし。そうね、これはおばあちゃん奨学金としよう。そしたら、清史はきっと頑張って卒業すると思うよ」

〝銀行に残っているお金は、自分にとっては死んだお金。使ってこそ、生きたお金になる〟というのが、母の口癖だった。

母には本当に助けられた。そして、卒業生全員によるヘアショーが開催された。聡は、友人のＤＪと衣装担当のウラ（現在の聡の妻）を引き連れて、わたしたちよりひと足早くコペンハーゲンを発った。聡は清史のこととなると、それはもう一生懸命だった。ヘアショーを告知するフライヤー（チラシ）も、グラフィックデザイナーをしている聡がつくった。わたしと母は、ショー当日に間に合うようにロンドンへと向かい、家族総出の応援となった。

清史は、ヘアショーの総監督を一手に引き受け、張り切っていた。そして、ショーの最後に挨拶をして、みんなへの感謝の言葉を口にした。日本人クラスの通訳担当の人は、まさか自分まで名前が呼ばれるとは思っておらず、しかもプレゼントまで手渡され、感激のあまり清史に抱きついた。清史の優しさと気配りが、会場を温かな空気で包み込んだ瞬間だった。

卒業後、清史はいちばん難しい道を選んだ。普通なら、まずは美容室に入って数年アシスタント経験を積んだあと、資格を取得して美容師になる。でも、清史にはそんな余裕はなかった。一気に美容師になる道を選んだのだ。それが清史にとって、ロンドンに残る唯一の手段だった。美容師になるには、6カ月の美容師研修を経て、厳しい試験にパスしなければならない。ただ、研修期間中は当時で10万円ほどの手当が支給されるが、学校での下働きなどがその条件だった。そして、いよいよ試験当日を迎えた。口頭試問は無事に済み、カットの試験に進んだという知らせがあった。

音沙汰がない。試験が終わり、2週間が過ぎても清史からの連絡がまったくなかった。わたしは少し心配になり、聡に電話で様子を探ってもらうことにした。清史は「全然、満足のゆくものではなかった。不合格かもしれない」と答えたらしい。

「清史、お前はいま、いくつだい？　まだ19歳だろう。ダメだったとしても、まだこれからだ。合格したら一生懸命頑張ればいいし、とにかくお前にとってベストの結果が出るだろうから、余計な心配はしなくていいよ」と聡は伝えたと言った。結果を待つ数日間、わたしはずっとそわそわしっ放しだった。そして、聡が電話で話してから1週間が経ったころ、清史から連絡があった。

「お母さん、スタッフ研修に合格したよ。4人だけだった。自分としては満足してなかったから、どうして合格したのか聞いたんだ」

「それでなんと言われたの？」

「カットの技術はまだまだだって。それは、わたしたちが君に教えてあげられるけれど、君は芸術的センスが素晴らしい。これはわたしたちが教えることはできない、って」

なんと、うれしいことか。睦夫さんが聞いたら、どんなに喜んだことだろう。最高の評価だった。そして、自分の好きなことはどんな苦労も厭わず、努力した清史の姿を見たとき、子どもが好きで選んだ道を歩ませるのが、親としていちばんだと確信した。

ふたりの羅針盤

WORDS OF INSPIRATION

何人《なんぴと》も孤立した島ではない。
いかなる人も大陸の一片であり、全体の一部である。
一塊の土くれが海に洗い流されても、
ヨーロッパがもとの姿を失わないように、
あなたの友人あるいはあなた自身が洗い流されたとしても、
それが無に帰するわけではない。
だが、いかなる人の死も、わたしの一部を失った気にさせる。
なぜなら、わたしは人類の一員なのだから。
それゆえ、わたしはあなたがたに言いたいのだ。
あえて知ろうとするには及ばない、誰がために鐘は鳴るのかと。
それはあなた自身のためにも鳴っているのだから。
(「瞑想録」第17番の一節より)

No man is an island, Entire of itself.
Every man is a piece of the continent, A part of the main.
If a clod be washed away by the sea, Europe is the less.
As well as if a promontory were,
As well as if a manor of thy friend's or of thine own were.
Any man's death diminishes me, Because I am involved in mankind.
And therefore, never send to know for whom the bell tolls,
It tolls for thee.

ジョン・ダン John Donne(1572-1631)
イングランドの詩人。優れた詩の才能を持ちながら、長く貧困の中で生きた。大胆な機知と複雑な言語を駆使し、恋愛詩から宗教詩まで残した形而上詩人の先駆者とされる。ヘミングウェイの『誰がために鐘は鳴る』は上記の一節から取られた。

第8章

〝世界一〟のアルパカセーターができるまで

アロンゾ・ブルゴスさんに出会って以来、聡と清史のプーノ通いは恒例となった。目指すクオリティに一歩でも早くたどり着くためには、アロンゾさんがもっている知識をもっともっと吸収したい。ペルーを訪れるたびにアレキパの宿泊先から彼の車に乗せてもらい、パコマルカ・アルパカ研究所へと向かう。到着まで約7時間。その車中ですら、ふたりには時間が惜しく、アロンゾさんによる貴重な講義の場となった。

中央アンデス高地の標高４０００メートルあたりからは、憂鬱な高山病との付き合いが始まる。それに加えて、この付近に広がるアルティプラーノでは霧が発生しやすく、そうすると決まって目の前に幻想的な風景が現れた。しかし、悪路を走行しなければならない身にとって、視界不良は命取りだ。プーノへの道のりは、常に危険と隣り合わせの旅でもあった。

― すべては先住民の暮らしのために ―

現地では、パコマルカ研究所が主催するセミナーに欠かさず参加した。近年のグローバル市場では、アルパカの原毛の細さが価格を決定しており、より細い繊維が高い価値を生む。ところが、そんなことすら知らない牧畜民が驚くほど多かった。実際、繊維品質に応じて、異なる価格を受け取っている人は、アンデス地方におけるアルパカ飼養に従事する牧畜民全体のわずか15パーセントほどに過ぎず、彼らへの啓発活動は不可欠だった。

朝早くからアロンゾさんの車に乗り込み、近隣の牧畜民たちの集落を訪ねてはパコマルカ研究所の活動を説明して歩く。ただ、中央アンデス高地はとてつもなく広い。移動だけで10時間を超える日も珍しくなかった。でも、世界でいちばん素晴らしいアルパカセーターをつくるためには、アルパカだけでなく、その生産者である彼らの暮らしぶりを知っておく必要がある。そうすることで初めてそれが実現できると思うから、ふたりは常にアルパカについて学び、なるべく牧畜民たちと多くの時間をともにするようにした。

パコマルカ研究所はアルパカの品質改良だけでなく、泥の家だった牧畜民たちの住環境を改善する試みもしていた。アンデス地方の伝統的な家はとにかく寒いうえ、火を熾《おこ》すキッチンに換気窓がないため、空気が悪い。そして、それが原因でひと間に暮らす先住民たちのなかには体を壊してしまう人たちがいた。ほとんどの家には灯りもなければ、トイレもない。貧しさゆえ、あまり食べられない。アロンゾさんが提唱する〝ハウジング・プロジェクト〟の目的は、こうした牧畜民たちが抱えている問題を解決し、なおかつ維持費があまりかからない家を普及させることだった。

たとえば、外側に黒く塗った壁と強化ガラスによる密閉空間をつくり、暖められた空気が住居内を循環する自然の力を利用した暖房システムを導入する。屋根は雨漏り防止のために藁の下にトタン板を敷き、さらに断熱効果を上げるために窓を二重構造にする。また、汚れた空気を吸い込まないようにキッチンとメインルームを区分するほか、太陽熱温水器の設置や野菜などが育てられるサンルーム、この地方の貴重なタンパク源であるクイ（〝テンジクネズミ〟と呼ばれる食用モルモット）の飼育スペースを設けるなど、彼が考案した家は多くの資金を必要とせずに建築できて、快適な暮らしを実現するための知恵と工夫と技術に溢れていた。しかも、アロンゾさんは入居希望の牧畜民が建築費の3分の1を負担すれば、あとの費用を国からの補助金とペルーの地下資源から利益を得ている外国企業による税金で賄い、住居を手に入れられる制度を整えるように政府に働きかけていた。

アルパカとともに生きる先住民たちの生活向上をも引き受け、彼らの暮らしに根付いたアルパカの毛を最高の品質に仕上げる。パコマルカ研究所の取り組みは、お金以上に中央アンデス高地に暮らす人たちの生きるモチベーションにつながっていた。アルパカ繊維の品質悪化と牧畜民たちの貧困が密接な関係にあると聞いても、聡と清史にはそこまで考えが及ばなかった。そうした話を聞くたびに、アロンゾさんの行動力と創造力に圧倒され、その思慮深さに恐れ入った。

―シュプリーム・ロイヤルアルパカ―

アロンゾさんから「小ロットでなら、生産できる見込みがたった」とふたりに連絡があったのは、２０１２年の2月だった。ただ、その原毛を最高級ニット糸の〝ロイヤルアルパカ〟を超える糸にするには、パコマルカ研究所をサポートする紡績会社グループ幹部にかけ合う必要がある。アロンゾさんは「ペルー人の自分が頼んでも、彼らは首を縦に振らないだろう」と言い、聡と清史が直接交渉することになった。これまで自らの活動を散々否定されてきた心の傷が、アロンゾさんを及び腰にしていたのだ。それなら、自分たちが

〝世界一〟になるためには絶対に必要な糸だということを、熱意と誠意をもって伝えるしかない。心強いことに、エンリケ・ベラも「後押しする」と言ってくれている。アロンゾさんの功績を、いまこそこのチームで証明してやろうじゃないか。

紡績工程では小ロットであっても、大量生産を前提とした大型機械の生産ラインのひとつを占めるため、その分がコストに跳ね返ってくる。ただ、合理性や効率性を重視する大企業では、少量の受注依頼は割に合わない仕事として断るのが常だった。だが、その日の紡績会社グループ幹部は、最初から少し様子が違っていた。「そんなに少ない量でいいのか？」と訝りながらも交渉に応じ、冗談も飛び出すほど余裕があった。エンリケによる事前の根回しに加え、アロンゾさんが言った通り、聡と清史が外国人だったのがよかったのかもしれない。

海外ではそうしたニッチ市場が確立しており、今後の成長が見込めること、そして新しい糸の開発は収益以上の価値をグループ会社全体にもたらすことを重点的に説明し、話し合いを続けていると、最後には根負けしたのか、渋々ながらもふたりの要望を聞き入れ、専門チームを編成することまで約束してくれた。

聡と清史にとっても収益だけで考えれば、決して大きな儲けにならないのはわかっている。それよりふたりにとって重要だったのは、ほかにはない〝世界一〟のものがつくれるという証だった。それがひとつでもあれば、今後、「ザ・イノウエ・ブラザーズ」の活動をするうえで大きな支えになる。多少コストがかさむのは仕方がない。取引先のバイヤーたちには納得してもらえる自信はある。

アロンゾさんがパコマルカ研究所のネットワークを使ってかき集めてくれたアルパカは、原毛の段階で約200キログラムあったものの、ニット糸にしたら160キログラムにしかならなかった。使用できない部分を取り除くと、その程度になってしまうのだ。サイズやアイテムによって差はあるものの、ハイゲージ編みのセーターを1枚つくるのに平均250グラムの糸が必要だから、ざっと見積もっても生産できるのはおよそ700枚弱。それでも、このまま順調にアルパカの品質改良が進んで、高品質な原毛が多く採取できるようになれば、もっといろんなものがつくれるし、現地の人たちもその分、潤うはずだ。

できあがったニット糸には、〝ロイヤルアルパカ〟の上をいく最高位の糸として〝シュプリーム・ロイヤルアルパカ〟(Supremeは〝最高の〟〝最上の〟という意)と命名した。純血アルパカのファーストカット、セカンドカット(ともに生後1年での刈り取り)からしか採れないこの素材は、繊維の太さがわずか16・0〜18・5マイクロンほど。文字通り、世界最高峰のクオリティだった。

*

この年の6月、年に一度のビキューナの追い込み猟〝チャク〟があった。本来、チャクは地元の先住民だけで行う祝祭だが、ふたりはアロンゾさんの計らいで、幸運にも参加することができた。

インカ帝国の人々は、ビキューナは魔力をもつ動物だと信じ、深く崇拝していたという。その時代、ビキューナの毛は4年に一度だけ、夏の終わりに厳格な儀式を執り行い、採取されていた。それがチャクの原型であり、当時はもっと大規模で、地域住民が全員集まり、総勢で2万～3万人もの男性たちが参加していたらしい。そして、各地方へと場所を変えながら行い、それを指揮していたのがインカ皇帝だった。

チャク当日は、朝から異様なほどの熱気に包まれていた。色とりどりの民族衣装を身に着けた、何百人もの先住民たちが高原地帯に集まり、老若男女入り交じり、伝統的な歌と踊りで特別なこの日を祝う。チャクの前には動物を守るとされるアンデスの女神〝パチャママ〟を称える〝パガプ〟と呼ばれる古来の儀式を行い、村長が神への感謝を捧げ、〝チチャ〟（インカ帝国以前からアンデス地方に伝わるトウモロコシを発酵させた醸造酒）で祝杯を上げ、祈りの歌を捧げてから、それが開始された。

聡と清史が参加した村落では、約300人でチャクを行った。全員がまず遠くに分散し、カラフルなペナントや吹き流しが飾られた全長2キロメートルにもなるロープを握る。そうしてビキューナの群れを取り囲み、ゆっくりと歩いて、輪を狭めながら採取場の柵の中に追い込んでいくのだ。その様子を、遠くから銃を携えた警備員が厳重に見守っていた。それほどまでにビキューナの毛は希少で高値で取引されており、政府の認証を受けていない人間がビキューナの毛を刈り取った場合、最長15年の禁錮刑が科される。

初めて間近で見るその野生動物は、アルパカよりやや小型で、愛らしい目が印象的だった。この日のチャクで刈り取った毛は、およそ800グラム。セーターにすると3枚分にしかならない。それでもチャクは素晴らしく、貴重な体験だった。

この旅には、ロンドンのクリエイティヴ・エージェンシーの映像チームに同行してもらった。本業の仕事柄、そうした分野とのネットワークがあるのも、ふたりの強みだった。潤沢に資金があるわけではない「ザ・イノウエ・ブラザーズ」は、従来のブランドのようにPRや広告費に投資するだけの余裕がない。でも、その代わりにムービー製作に予算を割く。他ブランドとの差別化の意味もあるが、それはインターネットと動画がこれからの時代のコミュニケーション・ツールだと確信しているからだ。アンデスの地に残る伝統文化の神秘的な美しさを、多くの人々に知ってもらいたい。映像には、言葉の壁を超えて人の心を震わす力がある。

―― 埋もれていたチャンス ――

このころから、日本を訪れる機会が次第に増えていった。東北でのプロジェクトの件もあったけれど、日本のマーケット状況を学ぶのが主な目的だった。これまでもニコラス・テイラーを紹介してくれた鶴田研一郎さんからは、多くのアドヴァイスを受けてきた。彼は長年、インポーターとして数々の英国ブランドを日本に紹介してきただけでなく、東京でセレクトショップを立ち上げて成功させた実績がある。さらに、メンズブランド「Gauntlets（ガントレッツ）」を手がけるデザイナーでもあり、聡と清史にとって頼れるメンター的な存在だった。

その研さんが「世界の一流品のほとんどすべてが手に入る」と言う東京は、ふたりが想像していた以上に進んだファッション・シティだった。パリやロンドンと比べても遜色がないどころか、〝ないものがない〟といっていいほどの品揃えで、英国伝統のクラシックからパリやミラノの最新モード、ニューヨークやロサンゼルスのアンダーグラウンドなストリートブランドまでが店先に並んでいた。さらに、それをもしのぐ数の国産ブランドが群雄割拠している。

世界中からこれだけの品々を集めてくる、この国のセレクトショップや百貨店のバイヤーたちの審美眼に舌を巻いた。そんな〝世界一〟のものを知り尽くした彼らと意見交換ができれば、素材開発だけでなく、デザイン面でも大きく前進できるのではないか。研さんは「日本のショップがシェイプやディテール、色使いに至るまで要求が細かいのは、それだけ〝売れる〟ものに対してシビアな証拠だ」と言った。店頭での売れ筋や先々のトレンド予測、在庫の消化率……それらを謙虚に学んでいけば、もっと自分たちは成長できるに違いない。来日するたびに、そんな思いが強くなった。

ビームスのプレスを務める佐藤尊彦さんからは、多くの日本のメディア関係者を紹介してもらった。彼らは、自分たちと同じ日本人の顔をしているのに、ファッションに対する考え方や取り組み方がまるで違う聡と清史を珍しがり、「なぜ、ザ・イノウエ・ブラザーズの活動に専念しないのか」と不思議がった。でも、それは決して生半可な気持ちでやっているからじゃない。ブランドを存続させていくために必死だったのだ。ふたりの活動は運転資金がショートしてしまえば、たちまちビジネスが立ち行かなくなる。アンデス地方に暮らす人たちを継続的に支援していくには、まだ本業で稼いだお金を投資し続けなければならない時期だった。

そしてこの年、徐々に増え始めていた日本からの問い合わせに対応するために日本支社を開設し、実母の兄である伯父に代表になってもらった。

2013年1月、2回目となるパリの展示会は、前年に引き続き、清史の知人のショールームの一室を借りて行った。直前に『MONOCLE』誌のファッション・ディレクターを務める佐藤丈春さん（その後、独立してスタイリング・アートディレクションを事業の軸とする〝Take Sato Ltd.〟を起業）から日本のリテーラーを紹介してもらい、バイヤーたちが宿泊するホテルにインヴィテーションカード（招待状）を郵送した。こんなにたくさんの招待状を送るのは初めてだったこともあり、内心ドキドキものだった。受け入れられる自信はある。でも、ほとんど無名に近いブランドの展示会に、どれだけの人が足を運んでくれるのか不安があった。

いま考えれば、これまでが行き当たりばったりだったのだと思う。正直、ラッキーな出会いとタイミングに助けられてきた。でも、今回は違う。やれることは全部やったという自負がある。だから、より多くの人に見てほしかったのだ。

2013―2014年秋冬シーズンでは、〝シュプリーム・ロイヤルアルパカ〟を使ったハイゲージ編みのクルーネックセーターとVネックセーター、カーディガンとヴェスト、スカーフの5型を新たに投入した。これは、パコマルカ研究所の協力がなければ絶対に実現できなかったコレクションだ。その感謝の気持ちを込めて、タグに〝Pacomarca（パコマルカ）〟の名前を入れた。前年からのビキューナのコレクションと併せて、まさに〝世界一〟に向けて勝負をかけた年だった。

アルパカを飼養する牧畜民の人たちと話していると、突然、パッと目が輝く瞬間がある。それは彼らから買い付けた原毛を商品化した自分たちのコレクションが、世界でも有数の一流ショップで販売されていると報告したときだ。そんな感動があるから、どんなに苦しくても頑張れる。聡と清史が生産プロセスを体験して得た一連のストーリーを、バイヤーや店頭のスタッフに語り部になってもらい、世の中に届けていく。そしてそのために卸先のショップには、スタッフ全員に生産背景や商品の特徴などを直接説明する機会を設けてもらう。それがふたりの責任であり、義務だと感じているからだ。

この展示会では、名古屋の〝キンク〟の安田茂さんや、広島の〝レフ〟の中本健吾さん、大阪の〝カセドラル〟の谷勇紀さんなど、日本の有力地方店舗のバイヤーたちとの出会いがあった。みんな個性的な人物で、地元で大きな影響力をもつセレクトショップのオーナーだった。彼らの店は熱心なファンによって支えられており、買い手とはお互い〝顔の見える関係〟でビジネスを成立させている。安易にトレンドに流されず、本当に必要なものを世の中に紹介するといったポリシーにも共感できた。〝規模の拡大は目指さない。大量生産も、安売りもしない。いいものを手間暇かけてつくり、ブランド化して販売する〟。そんな「ザ・イノウエ・ブラザーズ」の家族経営的な姿勢と彼らの考えとは、どこか共通する部分があった。

ＩＴ産業の発展などにより、世の中は構造変化の過渡期にある。それに伴い、個人でもビジネス領域で大企業に対抗し得る時代がやってくる。硬直化した巨大企業ではイノヴェイションを起こせない。そうなったとき強いのは、多様性を内包するネットワークを築き上げ、周囲を巻き込みながら個人の強い想いを遂行していく力だ。熱量を上げて時代性と交わりながらビジネスをドライヴしていく。それがこれからの時代のやり方だと思うから、聡と清史は組織を必要以上に大きくするつもりはない。むしろ、なにごともスピーディに意志決定できる少数精鋭のチームで、価値観を共有できる人たちと深く親密につながっていきたい。

翌2月には、デンマーク大使館の協力を得て、東京・代官山にある大使公邸で初めて日本での展示会を行った。パリで知り合った日本人バイヤーたちのフォローアップのつもりだったのだが、福岡の〝ダイスアンドダイス〟のディレクター、吉田雄一さんが新たに商談に訪れた。ふたりのメンター役である研さんの紹介でやってきた彼は、井上兄弟のブランドのことを事前に詳しく調べてきていて、会った途端に気持ちが通じ合う喜びがあった。

パリと東京——2回の展示会が終わってみると、驚くべきことにこれまでビームスとトゥモローランドだけだった日本での取引先が13にまで増えていた。

世の中の価値観が変わりつつあった。〝サードウェーブコーヒー〟や〝クラフトビール〟といった、地域に密着したコミュニティから生まれたスモールビジネスが注目されるようになり、〝クラフツマンシップ〟や〝アルチザン〟といった言葉を聞く機会が多くなった。同時に、グローバリゼーションとは対極にある〝ローカリゼーション〟のムーヴメントが世界各地で湧き起こり、地産地消の推進やシェアリング・エコノミー（もの・サーヴィス・場所などを、多くの人と共有・交換して利用する社会的な仕組み）の拡大、さらには〝トランジションタウン〟と呼ばれる、未来に向けて持続可能な社会づくりを目指す市民運動が広がっていった。

人々はリッチであることや子どもへのエリート教育、広い家などとは質の異なる価値観を暮らしに求めるようになり、毎日の生活をより豊かに、素晴らしいものにするのは、人や自然とのつながりや街角におけるセレンディピティ、長く積み重ねられた歴史や地域固有の文化であると感じ始めていた。〝豊か〟であることの定義が、物質的な満足から、精神的な充足のほうに少しずつシフトしていたのだ。そしてファッションにも、より本質的なものが求められるようになっていた。

＊

同じ年の9月、「ザ・イノウエ・ブラザーズ」のビキューナ・コレクションを扱う店舗が〝エディション〟（トゥモローランドが手がけるセレクトショップ）、〝インターナショナル

ギャラリー ビームス〟〝キンク〟などに広がったことから、再びデンマーク大使公邸でビキューナ・プロジェクト〝The Gold of The Andes（ザ・ゴールド・オブ・ザ・アンデス）〟の発表会を開催した。会場では、前年に中央アンデス高地の先住民たちと一緒に行ったチャクの様子を収めたショート・フィルムを上映し、訪れた人たちに、この地に根差した伝統文化の素晴らしさを伝えることにした。そして、ビキューナと〝シュプリーム・ロイヤルアルパカ〟のコレクションを展示して、来場者にその手触りを体験してもらった。この日は、バイヤーやジャーナリストをはじめとする日本のファッション関係者が数多く集まり、あらためて大きな手応えを感じることができた。

イベントを行うにあたり、ふたりはアロンゾさんにも出席してほしいと連絡した。日本からはほぼ地球の反対側にあたる南米からの長旅だ。でも、彼との出会いがなければ、このコレクションは決して完成しなかった。だから、「ザ・イノウエ・ブラザーズ」のチームの一員として、聡と清史のよき〝先生〟として、みんなに紹介したかった。そのアロンゾさんが、目の前で感慨深そうにチャクのフィルムに見入っている。ふたりの晴れ舞台を誰よりも喜び、祝福するために、ペルーからはるばる駆けつけてくれたのだ。

翌日は一緒に「ザ・イノウエ・ブラザーズ」のコレクションが販売されている新宿の〝イセタンメンズ〟に視察に行った。そこで、「ロロ・ピアーナ」や「エルメネジルド ゼニア」といった世界屈指の高級生地で知られるイタリアのトップブランドに混じって「ザ・イノウエ・ブラザーズ」のコレクションが売られているのを目にすると、アロンゾさんは「長年、〝本物のラグジュアリー〟とはなにか、その意味をずっと考えてきた。ようやくこういうブランドと肩を並べることができた」と、ボロボロと涙をこぼしたのだった。それを見ながら、聡と清史はこれまでのアロンゾさんの境遇を思い、熱いものがこみ上げてきた。

―― 中東パレスチナ自治区の分離壁 ――

レイチェル・ホームズからの誘いで、中東のパレスチナ自治区を視察に訪れたことがあった。彼女は清史のヘアサロンの顧客のひとりで、〝オックスファム〟という、世界90カ国以上で貧困を克服しようとする人々を支援し、それを生み出す状況を変えるために活動する国際協力団体に所属していた。中央アンデス高地でチャクに参加したひと月前の2012年5月のことだ。レイチェルは井上兄弟がクラフトワークに興味があることを知り、この地域の伝統的な刺繍をすすめてくれたのだ。

パレスチナ自治区は、300万人が暮らすヨルダン川西岸地区(ウエストバンク)と194万人が住むガザ地区からなる(パレスチナ中央統計局 2017年度調査より)。人々は西岸地区とガザ地区との間の自由な行き来が認められておらず、パレスチナ人は貿易の約60パーセントをイスラエルに頼っているにもかかわらず、軍事封鎖の影響を生活のあらゆる面で受けていた。

聖地エルサレムから乗合バスに揺られること30分。ふたりを乗せたバスは、パレスチナ自治区ベツレヘムの出入口となっているチェックポイント（検問所）前に停車した。そこからは歩いて検問所を通過する。

視線の先に、巨大なコンクリートの分離壁——別名〝アパルトヘイト・ウォール〟があった。イスラエルとパレスチナのヨルダン川西岸地区を分断するこの壁は、〝テロリストの侵入を防ぐため〟という名目で、第二次インティファーダ（パレスチナ人による民衆蜂起）後の2002年からイスラエル政府が一方的に建設を進めており、イスラエル側は〝セキュリティ・フェンス〟と呼んでいる。

ところがこの壁は、イスラエルとパレスチナのグリーンライン（第一次中東戦争後の1949年に国際的に認知されたイスラエルとその占領地の国境線）に沿うのではなく、大部分がパレスチナ自治区の中にあり、彼らの土地を奪いながら建設されている。事実上、イスラエルの領土拡大のためという見方が強かった。こうした動きが国際社会から非難を浴び、2003年に壁の撤廃を求める国連決議が出され、翌2004年には国際司法裁判所の勧告が出されたものの、その後もイスラエルはこれを無視して壁の建設を続けている。

チェックポイントはパスポートの表紙をちらりと提示するだけで、あっけないほど簡単に通ることができた。その後、緩衝エリアを横切って、パレスチナ自治区へと向かう。場所によっては高さ8メートルにも達する分離壁（有刺鉄線や電気フェンスのところもある）にパレスチナ側から対峙すると、イスラエル側から見るのとは対照的に、無数のカラフルな〝アート〟で埋め尽くされていた。その多くがパレスチナの独立や平和を願ったもので

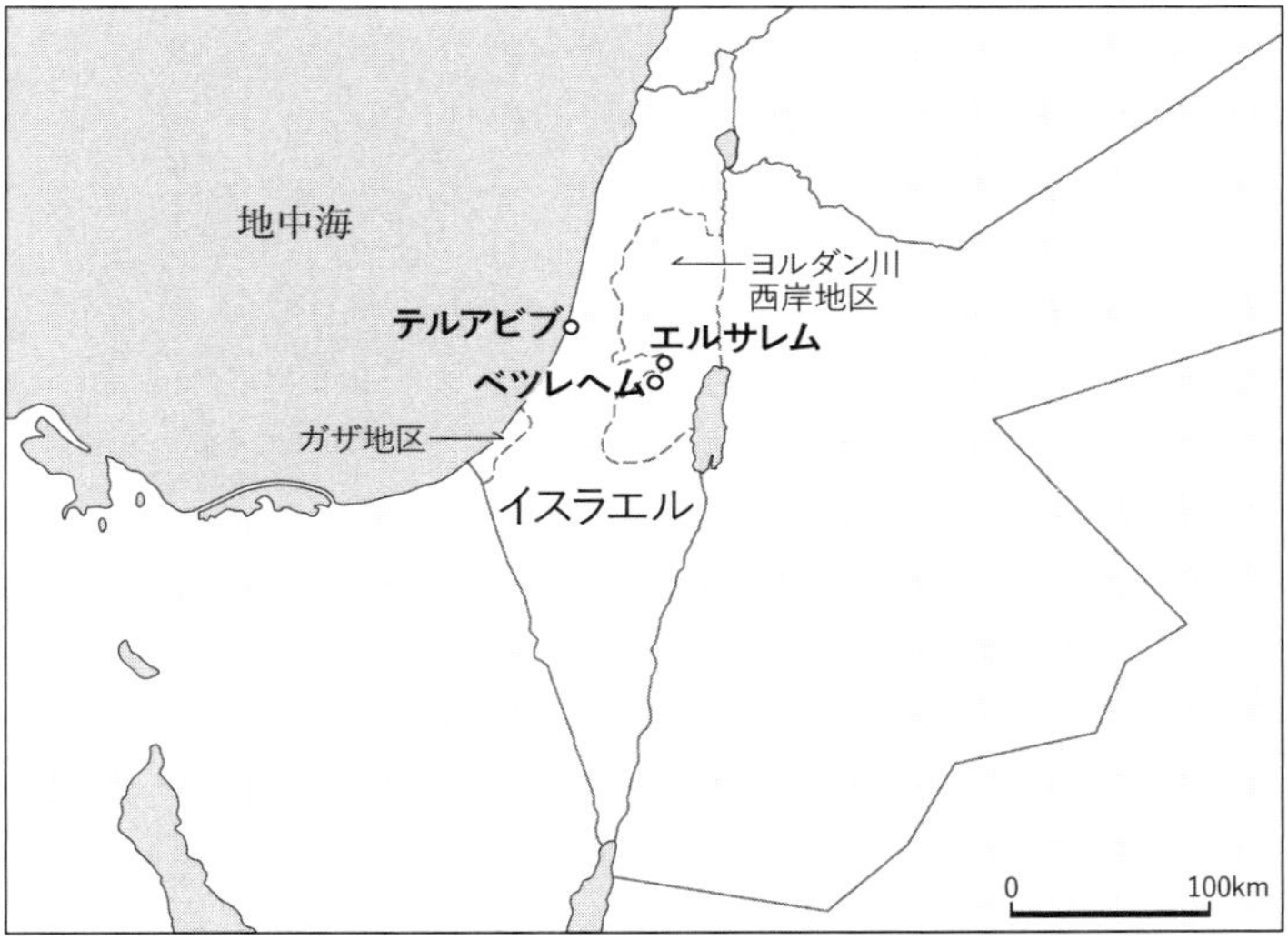

あり、パレスチナ人にとって、この壁は文化的な抵抗運動のための途方もなく大きなキャンバスとして存在しているのだった。

バンクシーやJRといった世界的なストリートアーティストもここを訪れ、灰色の壁にこのやるせない状況を風刺する作品を残していった。精緻なグラフィティが醜悪な落書きに上書きされていたりもするが、そんなことはお構いなしだ。誰にでも開かれたキャンバスだからこそ、そこにはただ美しいだけではなく、パレスチナに暮らす人たちが日々痛切に感じている怒りや憎悪、苦しみ、自由への渇望がストレートに表現されている。「暴力では、なにも解決しない」。レイチェルはそう呟き、だからこそ文化や教育を通じた双方の対話が重要なのだと訴えた。

ヨルダン川西岸地区には、1993年にイスラエルとパレスチナ解放機構（PLO）の間で結ばれたオスロ合意によって定められたA地区（行政権・警察権ともパレスチナ）、B地区（行政権がパレスチナ、警察権がイスラエル）、C地区（行政権・警察権ともイスラエル）があり、その半分以上はイスラエルが統治しているC地区だ。パレスチナ自治区とは名ばかりで、しかもA・B・Cの地区の間にはチェックポイントが設けられている。そして、ここを通る際にもイスラエル政府が発行する通行許可証が必要で、外国人の聡と清史は5分もあれば通過できるものの、移動を制限されたパレスチナ人はそう簡単にはいかないようだった。

チェックポイントには、20歳にも満たないようなイスラエル兵が数人常駐している。ある雨の日、ふたりがチェックポイントを通ると、年老いたパレスチナ人が身分証明書の提示を求められていた。彼がそれをカバンから取り出すと、イスラエル兵は〝照合のため〟と称して、雨の中に立って待つように指図した。彼が傘を持っていないのを承知で、建物の軒下で待つことを禁じたのだ。照合しようと思えばすぐできるはずなのに、わざとそうして何時間も待たせる。運が悪ければ、十分な理由もなく逮捕されてしまうこともあるのだという。それもスマートフォンで音楽を聴きながら、ゲームをしながら、友人と電話しながらだ。

アラブの文化において、年長者に対してこうした態度をとるのは不敬極まりないこととされる。しかし若いイスラエル兵は、退屈しのぎにパレスチナ人に対する嫌がらせをしょっちゅうする。彼らにとっては、ほんの遊び感覚なのかもしれない。しかし、パレスチナ人たちはそれに黙って従うしかなく、そこには歴然とした力の差があった。来る日も来る日も、圧倒的な力の差で押さえつけられ、尊厳を踏みにじられ、絶望感を植え付けられる。そんな理不尽な場面に出くわすたびに、清史は人目もはばからず、その場で嗚咽を漏らした。声を押し殺すような、むせび泣きだった。

分離壁やチェックポイントだけでなく、厳重な警備下で点在するイスラエルの入植地やイスラエル人専用道路、あちこちに見られる道路封鎖……。そこには必ず、鈍く光るライフル銃を肩から提げ、緑色の軍服を着た兵士たちがたむろしていた。ズタズタに分断された街は、文化・教育・経済などの交流を妨げ、人々の生活を破壊する。頭上では、耳をつんざくような轟音を立てて、イスラエル軍の戦闘機が飛び交っていた。

イスラエルには徴兵制度があり、原則として18歳以上の男女全員が3年間の兵役に就く。ここにいる兵士のほとんどは、高校を卒業したばかりの若者たちだ。そんな彼らが急にライフル銃を持たされ、パレスチナ人をコントロールする権限を与えられ、毎日チェックポイントに立ち続けている。

あのとき、あの瞬間 — Life changing moments — 井上清史

自分は何者なのか？

自分は、いったい何者なのか？　誰もが人生のある時期に、一度は自分自身にそう問いかけたことがあると思う。多感な思春期に、あるいはそれ以前の幼い子ども時代でさえ、こうした疑問は頭をよぎる。家族の系譜をたどることで、その答えを見つけ出す人や、さまざまな経験を通して自分自身を知ろうとする人、なかにはすでに自分が何者なのか、そしてなにをすべきかがわかっている人もいるかもしれない。仮に、毎日を生きるのがあまりにも辛い境遇にあり、そんなことを考える余裕がないという人であっても、いつかはその答えを探すために自分と向き合わなければならないときが来る。

ほかの子どもたちとは見た目がまったく違う日系二世としてデンマークで生まれ育った僕は、常に困難と挑戦の連続だった。どこに行っても外国人として扱われ、差別や偏見の目に晒された。金髪で青い目をしたデンマーク人と比べると、明らかに不当だと感じる場面も多く、なにをするにも周りよりハードルが高かった。一方、家族のなかでは〝弟〟としての確固とした役割と居場所があり、大切に守られていた記憶がある。父親に憧れ、いつも兄の背中を追いかけていた。そして母親をなにより愛していた。恵まれた環境にいるという自覚があったし、いつでも家族を頼れることに安心し、甘えていた。

ところが、父親が亡くなって状況が一変した。決して裕福とはいえない家庭のなかで、母親と兄がいろんなことを我慢しているのを目にすると、次第に〝自分は何者なのか?〟という問いに対して、思案に暮れる時間が多くなった。母親は10代の息子ふたりを異国の地で育てる苦労があっただろうし、兄は兄で、自分が将来進むべき道に悩みながらも、なにかと僕の世話を焼いてくれた。では、僕にはなにができるのか……。当時は、そんなことばかり考えていた。

ただ、僕は守られた環境のなかで生きていくより、外の広い世界が見たかった。世の中には自分の知らないことがたくさんある。それを学ぶためには、勇気をもって、いまいる安全な場所から飛び出さなければならない。そして世の中で実際に起こっていることを、この目で確かめてみたいという気持ちが強かった。生前、父親が「行動を起こさなければ、自分自身も周りも変わらない」と言っていた。人生において本当に大切なことは、きっと誰も教えてくれない。自らが行動を起こしてそこから学ぶことが唯一、自分にしかできない未来を切り拓くためのヒントとなるのだ。

僕は高校卒業後、美容師の道を歩み始めた。そして母親と兄のサポートもあり、ヘアサロン業界の世界的な権威である〝ヴィダルサスーン〟が経営する美容専門学校〝サスーンアカデミー〟の9カ月コースに入学するため、18歳で初めてコペンハーゲンの親元を離れることにした。

このことが、僕の人生を変える転機となった。ロンドンに到着した途端、まるで懐かしい故郷に帰ったみたいに思えたのだ。それは言葉では説明しにくい、不思議な感覚だった。ロンドンは世界中からいろんな人たちが集まる〝カオス〟のような街だ。そして、僕が知っている都会の風景とは、なにからなにまで様子が違っていた。僕がアジア人だからといって、誰ひとりとして好奇の眼差しを向ける人はいない。そこではみんなが当たり前のように共存し、それが日常の一部になっていた。たまに近づいて来る人がいると、中国語や韓国語、さらにはスペイン語で話しかけてくる。なんと素晴らしいことか！　僕は、そこに〝自由〟と〝平等〟の空気を感じ取り、その理想を心から信じるようになった。

ほとんどの人たちは、法の下での〝平等〟を疑いもせずにいる。だが、この平等という考えが、置かれた立場によって大きく変わることを、多くの人たちはよく理解していない。しかも、ポジティヴとネガティヴのどちらに振れるかは、そのときの状況にも左右されるから厄介だ。なにが正しくて、なにが正しくないかの判断は、簡単なようでいてとても難しい。たとえば、僕たちが当たり前だと思っている価値観は、地球上どこでも通用するのか？　一部の権力者や巨大資本のプロパガンダによって歪められている可能性だってあり得るし、経済成長至上主義の社会では先進国の人たちが考える〝自由〟や〝平等〟のために、知らない間に、世界のどこかの誰かが搾取されていることだってある。残念ながら、目の前の常識を一度疑ってみないことには、本当のことがなかなか見えてこないのが現実だ。

今日の世界は、あまりにもたくさんの苦悩や悲しみに満ち溢れている。そんな不公正が氾濫する世の中を、少しでも正しい方向に変えていくために僕たちができることはなんなのか。そのひとつが、一人ひとりが物事の背景に潜んでいる〝真実〟を見つけ出すことだと思う。そして、その第一歩が僕にとっては〝自分が何者なのか？〟を知ることであり、このことが後に、将来は〝お金のためではなく、喜びのために生きていこう〟と考えるきっかけになった。

18歳でロンドンに降り立ったとき、デンマーク時代の自分と決別できると思った。でも、子どものころの苦い経験があったからこそ、虐げられている人たちの気持ちが痛いほどわかる。だから、そんな不条理をいつか自分たちの手でこの世からなくしたいと考えた。

幸いにも、民主主義国家に暮らす僕たちには、ほとんどの場面で〝選ぶ〟自由がある。買い物ひとつとっても、不適切な方法でつくられたものを断固として拒否し、誠実な商品を選ぶのは僕たちに課せられた義務であり、責任だとも思う。いわば、毎日が〝選挙〟なのだ。どの生産者やメーカー、店舗に票を投じるかは自分たちの手に委ねられており、そしてそれは社会の是正につながる大きな力になる。そのためには〝本物〟を見極める目を、意識して養う必要がある。

インターネットが普及した現代ではよほどのことがない限り、その気になればほとんどの情報が手に入る。そして多くのことを学び、正しい知識を身につけることが可能である。大切なのは、そうして得た知識をポジティヴな力に変化させ、いかに社会を動かす力に転換していくか――僕たちは無力じゃない。一人ひとりがいま、自分たちが思い描く理想の未来をつくる力を手にしているのだ。

ふたりの羅針盤

WORDS OF INSPIRATION

友情は、この世でもっとも説明しづらいものだ。
それは学校で教えてくれる知識じゃない。
でも、その意味を知らなければ、
実際なにひとつ知らないのと同じだ。
Friendship is the hardest thing in the world to explain.
It's not something you learn in school.
But if you haven't learned the meaning of friendship,
you really haven't learned anything.

リスクを選ぶ勇気がない者は、
人生においてなにも達成することができない。
He who is not courageous
enough to take risks will accomplish nothing in life.

モハメド・アリ Muhammad Ali（1942-2016）
米国ケンタッキー州出身。旧名はカシアス・クレイ。1960年のローマ五輪ボクシングライトヘビー級金メダリスト。プロ転向後、ヘビー級タイトル獲得。直後にリングネームをムスリム名に改める。ベトナム戦争への徴兵を拒否するなど、アメリカの差別社会に反抗した黒人解放運動の象徴的存在。

第9章

終わらない旅

パレスチナの民族衣装は見事な手刺繡で知られ、大英博物館にも多くのコレクションが収蔵されている。しかし、たび重なる紛争や難民生活のなかで、女性たちは刺繡をする余裕も民族衣装を着る機会も少なくなっている。それでも、結婚するときには嫁ぎ先に何枚かの伝統的なドレスを新調して持参し、年配の女性はいまでも日常生活のなかで着用する。そして刺繡の量や模様にも、それぞれ意味があるという。

聡と清史はパレスチナ滞在中、その手刺繡のルーツを学ぶために、ヨルダン川西岸地区にあるビルゼイト大学に足を運んだ。そこには、パレスチナの民族衣装のアーカイヴが保存されており、到着するとオックスファムのレイチェル・ホームズが紹介してくれた人類学の教授が待ち構えていた。パレスチナ人女性の民族衣装は、全体の3分の1ほどを埋め尽くす非常に細かい刺繡が特徴で、遠目から見ても引き寄せられるような美しさがある。そして黒地に多色の糸を用いた色鮮やかなそれは、近づいて見ると細密なクロス・ステッチ技法で文様全体を浮かび上がらせていた。

―民族の偉大な文化遺産―

イスラエルの大半とヨルダン、シリア、レバノンの3国にまたがるこの地域は、長い歴史のなかで、エジプト、メソポタミア、フェニキア、ローマ、ビザンチン、アラブ、トルコなどから豊かで多様な文化の影響を受け、それらを継承・昇華して独自の文化を開花させてきた。刺繡の文様は、大地、生命、宇宙とのパレスチナ人の結びつきやかかわりが基本となっていて、地中海沿岸にたくさん自生する糸杉の木は、パレスチナ全域に見られるほどポピュラーなモチーフなのだという。ほかにも星や月、水、鳥、孔雀、羽根、蜂の巣、バラの花、オリーブの枝など、身近な自然を題材にしたものが多く、それを幾何学模様にアレンジしているのが斬新かつユニークだった。

そしてどの町や村にも、それぞれ伝統のパターンや独自の色調があり、刺繍を見ればどこの出身かわかるという成り立ちにもふたりは心が動かされた。レバノンの難民キャンプはパレスチナ北部のガリラヤ地方や沿岸部出身者が多く、繊細で軽やかな色調がもち味なのに対して、ガザ地区ではシナイ半島の先に広がるアフリカ大陸の砂漠の遊牧民族〝ベドウィン〟からの影響が強い。そしてパレスチナ刺繍は、イスラエルの占領により、自分たちの土地に住み続けることが困難となったパレスチナ人にとって、故郷を思い出す心の支えにもなっているようだった。教授は希少なアーカイヴを前にして、「パレスチナの衣装は、この地域の女性たちの技術と美意識を結集させた芸術作品であり、民族の偉大な文化遺産なのです」と説明し、胸を張った。

ふたりはレイチェルの仲介で、いくつかの女性刺繍グループのもとを訪問した。つくり手の女性たちは、美しい文化を自分たちの手で守ることに誇りをもっており、目を輝かせながらその作品について語り、パレスチナ刺繍は祖母から母、母から娘へと代々受け継がれるものだと教えてくれた。

パレスチナ自治区では、紛争で一家の大黒柱である男性を失ってしまう家庭が少なくない。また、場所によっては職業の制限もあり、夫がいても収入が安定しないケースが珍しくないため、幼い子どもたちを抱え、特別な技術をもたない女性たちがお金を稼ぐのは容易ではないという。それゆえ、そんな女性たちにとって、家にいながら空いた時間にできる刺繡は貴重な収入源となっていた。

＊

1週間のこの視察旅行では、イスラエルにも滞在した。この国の一人ひとりに接してみると、礼儀正しく、思いやりがあり、穏やかな人が多いように感じられた。ところが、それが〝集団〟になった途端に、暴力が牙を剝く。そんな横暴が許されるのは、壁を隔てた向こう側で起こっていることが、自分たちとは関係のないことだと思い込んでいるからだ。実際、多くのイスラエル人は、パレスチナ自治区内で自国の軍隊や警察がなにをしているのかよく知らないし、知ろうともしない。また、知っていても「それは政治家が考えることだ」と言う人もいた。兵役が終わったら、それ以上この問題にかかわりたくないというのが本音なのだろう。そうした目を背けたくなるような事実を受け容れたくないというのは、人間の本能に備わるディフェンス・メカニズム（防衛機制）なんだと思う。

無関心でいられるのは、ある意味、幸せだ。でも、これを決して遠い国の話だとは思わないでほしい。こうした無関心が生む差別や偏見、暴力は、どこにだって存在する。たとえば、アフリカ大陸のコンゴで採掘される〝コルタン〟などのレアメタル（希少金属）は、スマートフォンやテレビカメラ、ノートPC、ゲーム機、医療機器、光ファイバーなどのハイテク産業に欠かせない素材だが、それが現地の武装勢力の資金源となり、そのために内戦状態から抜け出せないという報告もある。

身近な例では、子どものいじめ問題だってそうだ。他人の痛みを想像できないから、見て見ぬふりをしてしまう。でも、それは自覚がないだけで、いじめに加担しているのと一緒だ。聡と清史は幼いころ、差別や偏見に苦しんだ。だからこそ、自分たちの無知や無関心が原因で、どこかの誰かが不幸になるのは許せない。

問題が大きくなればなるほど、自分たちの無力さに気分が落ち込んでしまうこともある。けれども、現実を直視して、できることを精一杯やって生きていくしかない。かつてマザー・テレサは、「愛の反対は、憎しみではなく、無関心です」と言った。憎しみは愛に変わるが、無関心は絶対に愛には変わらない。

―― パレスチナと日本とをつなぐ ――

ヨーロッパに帰国してからも、聡と清史はパレスチナで味わった悲しみを引きずったまま、気持ちの整理ができずにいた。翌月はペルー出張で忙しかったものの、それも一段落するといよいよ焦りが生じてきた。あの美しい伝統刺繍にどんな新しい価値を与えられるのか。「ザ・イノウエ・ブラザーズ」の主力商品は、東北で生産するTシャツとアンデス地方でつくったニットウェアだ。単価の違いはあるにせよ、春夏シーズンの売り上げは全体の20パーセントにも満たない。南アフリカでのプロジェクトを休止して以来、それをなんとかしなければ……と思っていた。漠然とスモール・レザー・グッズ（革小物）をやりたいという気持ちはある。でも、その革にも特別な〝物語性〟がほしい。妙案が浮かばないまま、悶々と過ごす日々が続き、そうこうしているうちに年が明けて、パリでの展示会を終えてもなお答えは出なかった。課題は、完全に棚上げ状態だった。

そんなとき、ヒントを与えてくれたのが、大阪のセレクトショップ〝カセドラル〟の谷勇紀さんだった。彼は、1000年以上の伝統がある姫路特産の〝白なめし革〟の存在をふたりに知らせ、世界に誇れる技術だと教えてくれた。

姫路市の高木地区に伝わる白なめし革は、いまから20年ほど前までその価値がまったく顧みられず、継承者がひとりしかいなかった。戦国時代にはこの革を利用した武具や馬具がつくられ、江戸中期以降から煙草入れなどの〝革細工物〟が全国的な需要をもっていたものの、明治時代以降は各種の西洋式なめし革の普及によって圧倒され、消滅の危機に瀕していた。それが復活したのは、ドイツにあるロイトリンゲン皮革研究所・なめし技術学校長のDr.G・モークから当時の日本の自治省に届いた一通の書簡がきっかけだった。そこには白なめし革の希少性と技術保存の必要性が強く説かれており、ドイツの皮革学校で革製造のあらゆる方法を理解するための基礎となっていると綴られていた。

そのことを知った地元の皮革職人が有志を募り、伝統技法を記した古文書や科学的な分析を行った書物などを読んで、試行錯誤を繰り返しながら、再興への挑戦を続けてきた。白なめし革の製法は脱毛して塩と菜種油を用いながら揉みあげ、天日に晒して仕上げるもので、化学薬品を一切使わず、自然の力だけでつくる。環境にやさしく、他に類を見ない白さと強さが特徴だった。

パレスチナと日本の伝統的な手工芸の技術を組み合わせることで、いままでにない価値が生まれるのではないか。その新しい試みは、考えただけでワクワクするような興奮を連れてきた。

＊

その年、イスラエルとパレスチナ自治政府の和平交渉が再開するというニュースがあった。追い風が吹いたと思った。

ところが、交渉はすぐに行き詰まり、翌2014年の7月8日にパレスチナ自治区ガザ地区に対してイスラエル軍による大規模な空爆が始まってしまう。そして、その後の地上侵攻によって、2000人以上のパレスチナ人が犠牲になった。その約70パーセントにあたる1400人は一般市民であり、500人は子どもだった。倒壊した家屋は2万戸を超え、数十万人の住民が新たに避難民となった。被害はそれだけに留まらず、ガザの農業や工業、発電所などの生活・産業基盤までもが破壊され、さらに封鎖が強化されたことで、攻撃終結後もガザ地区住民の生活は麻痺状態に陥った。

この地区は2007年以降、完全封鎖され、〝天井のない牢獄〟と呼ばれている。ヨルダン川西岸地区からわずか60キロメートル程度の距離だ。なぜ、こんなことになってしまうのか。いくら考えても、ふたりの頭ではわからなかった。いますぐ彼らのもとに駆け寄って、なにかしらの力になりたい。そんな感情が激流となり、嵐になった。

ただ、現実的に考えると、このプロジェクトは休止するしかなかった。まだ構想の段階であり、ふたりの意見が一致せず、つくりたいものが明確に定まっていなかったせいもある。それに加えて、パレスチナの手刺繍のほうをメインに考えていたのに、白なめし革と掛け合わせると、どうしても後者の主張が強くなり、しかも高額になる。そうした問題をクリアできずにいたときの大規模攻撃だ。その影響から、しばらく生産が安定しないという懸念が上積みされてしまう。

環境を整えられなかったために、撤退せざるを得なかった南アフリカでの苦い経験が、ふたりの頭に時期尚早との危険信号を点滅させていた。継続的なビジネスにしなければ、支援の効果は期待できない。その年、予定していたパレスチナ行きのチケットは急遽、キャンセルするしかなかった。

〝世界一〟になり得るポテンシャルがあるのに、資金もなければ、時間もない。さらに状況が許さない。こんなにも自分たちの無力さを恨めしく思ったことはなかった。

――ヨーロッパ人と日本人の自然観――

大量生産・大量消費を是とする社会システムは、我々の生活レベルを飛躍的に向上させた一方で、環境に過大な負荷を与えてきた。その結果、負荷は自然のもつ回復能力を超え、深刻な影響が地球規模にまで及んでいる。このまま推移すれば、将来の世代に膨大な負の遺産を残すことになりかねない。

聡と清史が暮らすヨーロッパでは、自然に対する考え方において、キリスト教による世界観が大きく影響している。聖書には〝われわれのかたちに、われわれをかたどって人をつくり、それに海の魚と、空の鳥と、家畜と、地のすべての獣と、地のすべての這うものを治めさせよう〟とある。人も自然も神がつくられたものであり、その自然も神に代わって人間が治める対象なのだ。つまり、人間中心主義のヨーロッパ人からすれば、自然は対立するものであり、征服・制御するものだという思いが強い。だからなのか、彼らは自然を〝守る〟〝救う〟といった言い方をすることが多い。

だが、環境問題のほとんどは、元はといえば人間が自然を傷めつけてきたことが原因だ。そんな長年にわたるエゴイスティックな振る舞いが、生態系を激変させ、回り回って食料危機や自然災害、感染症リスクの増加、気候変動など、自らのダメージにつながるマイナス要因を引き起こしてきた。さらに地球上の生物多様性は、過去、すべての医療品の半分以上を生み出してきた化合物とイノヴェイションの宝庫でもある。つまり我々は、森林やサンゴ礁、湿地やその他の生態系を壊しながら、暴風雨から身を守ってくれる自然界の障壁や大気のフィルター、貯水槽、薬品庫に火を放っているのも同然なのだ。そう考えると、自然を〝守る〟〝救う〟なんて言い方は傲慢だし、おこがましいにも程がある。守ってもらっているのは、逆に人間のほうなのだから。

＊

日本への興味を深めるうちに、日本人には古来〝自然とともに生きる〟という自然観があることを知った。そういう〝共生〟の精神は、ヨーロッパにはみられない発想だ。日本列島は豊かな自然に恵まれ、四季の変化も明らかである。人々は自然の恵みをありがたく思い、森羅万象に大きな力の働きを感じていた。だから、自然そのものが神として崇められたのだ。いわゆる〝八百万の神々〟の信仰である。ただ、こうした日本的自然観は〝アニミズム〟（動植物のみならず無生物にもそれ自身の霊魂が宿っており、諸現象はその働きだとする世界観）の原始信仰だけではなく、人間の命だけでなく動物、植物の命も大切にすべきだとする仏教観の影響も大きい。そして面白いことに、日本では生活のなかで神仏が完全に溶け合い、共生していた。

かつて日本の農村社会では、人と自然を分ける考えはなく、自然から離れて自我をもち、お金や名声などを求めることが不幸の原因であり、そうした自我を捨てることが悟りだとされてきた。自然は社会の構成員であり、死者もまたその一員として社会を守ってくれる存在であった（祭りは、先祖や自然を神々として呼び込む儀式だった）。そして、農村での古くからの風習や景観は、自然に形成された美しいデザインになっている。自然を畏れ敬い、征服を求めず、調和を追求し、その美しさを尊ぶ。これからの世の中が持続可能な社会へと舵を切るためには、そんな日本古来の生き方から学ぶべき点が多いと思った。

現代の日本人には、そうした心は急速に失われつつあるかもしれない。でも、聡と清史は強く憧れ、刺激を受けた。それにこういう価値観は、ふたりを魅了したアンデス地方に暮らす先住民たちと通じるものがある。感謝と謙虚の心をもって自然を敬い、その恵みであるアルパカとともに生きる。そのせいか、ふたりの心には深く染み入るものがあった。

――天然素材の底知れない力――

聡と清史が信じるのは、自然界に宿るスピリチュアルなパワーだ。そこには言葉では言い表せない人智を超えた力や法則が存在する。

だから「ザ・イノウエ・ブラザーズ」では、自然由来の素材に固執し、それをブランドの根幹にしてきた。現代ではテクノロジーの進歩により、さまざまな新素材が生み出されている。けれども、自然界がつくったものに備わるパワーには遠く及ばないと思う。もっと自然の力を知ってほしい。一度知ると手放せなくなるその着心地を体験してほしい。ナチュラルな素材の素晴らしさを100パーセント感じてほしいから、すべて天然素材であることに徹底してこだわる。ニットウェアなどに使うボタンや、アイコンになっている補強を兼ねたトリミングテープもそうだ。これには食肉の副産物である牛の角や革だけを使用する。また、最近では天然の防虫・消臭効果のある楠プレートをノベルティとして付属させ、購入した商品を長く愛用してもらえるようファンに呼びかけている。

「ザ・イノウエ・ブラザーズ」では、どんなに細かな部分でも環境・社会性に配慮し、自然の力や恵みに感謝しながら、誠実なものづくりの姿勢を貫く。それこそが〝自然とともに生きる〟ということだと思うからだ。

*

アレキパの紡績会社グループの幹部たちは、初取引からわずか2年で自社のトップブランドのクオリティを超えた「ザ・イノウエ・ブラザーズ」のコレクションに非常に驚き、パコマルカ・アルパカ研究所への評価とアロンゾ・ブルゴスさんの処遇とを考え直すことになった。その大いなる可能性に恐れをなした幹部たちは、パコマルカ研究所を正式に紡績会社の一部として迎え入れ、アロンゾさんをその担当役員に任命した。そして後任の所長には、アロンゾさんの右腕として長く苦楽をともにしてきた先住民出身のノベルトが就くことになった。また、清史がアレキパのドラッグストアで携帯用の酸素スプレー缶を見つけたおかげで、高山病に悩まされることが少なくなり、プーノ通いを思い切り楽しめるようになったのもこのころだ。アンデス地方に通い始めて6年目のことだった。

エンリケ・ベラもニッティングの責任者から、ウィービングも含めた生産部門全体を取り仕切るディレクターに昇進した。そして2014－2015年秋冬シーズンには、彼の会社が導入した最新技術により、ビキューナ繊維を超薄手に仕上げた〝ウルトラ・ライトウェイト〟のスカーフを発表することができた。日本円で20万円を切る破格のプライスということもあり、話題性は十分だった。日本の雑誌や新聞などからふたりへの取材依頼が増え、資金繰りのストレスからもようやく解放されつつあった。

盤石の体制が整ったかのように思えた。しかし、パコマルカ研究所によるアルパカの遺伝子改良の取り組みは、そこまでスピーディに進むわけじゃない。最近、電動バリカンによるパコマルカ式の毛刈りを出張で行うサーヴィスを開始したとはいえ、〝シュプリーム・ロイヤルアルパカ〟の品質に届くアルパカは、まだ圧倒的に少なく、それと同時に別の視点から新しい素材開発に取り組む必要があった。

生産に関する全工程を体験してみると、これまでは思いもよらなかったアイディアが湧くことがある。そのひとつが〝The Natural Black Alpaca Collection（ザ・ナチュラルブラック・アルパカコレクション）〟だった。

―どんな黒よりもやさしい黒―

ペルーの草原を走るアルパカが何色をしているか、想像したことがあるだろうか？　毛の色は遺伝子によって決まり、もともと白からグレー、ブラウン、黒までグラデーション状に36色が存在していたという。しかし、19世紀末に国際市場における主なアルパカウールの買い手であったイギリス人が有色より白を好み、より高い値を払ったことから、牧畜民たちは純白のアルパカ同士を交配させて優先的に育てるようになった。さらに、1950年代に世界中にアルパカ製品が出回るようになると、どんな色にも染められる純白のアルパカが重宝され、そうした傾向に拍車がかかってしまう。その結果、アルパカ本来の自然の色が少しずつ失われ、現在では28色にまで減少。白が全体の約80パーセントを占めるようになり、近年では黒いアルパカが絶滅寸前にまで追い込まれていた。

聡と清史が〝シュプリーム・ロイヤルアルパカ〟の開発中に、〝ザ・ナチュラルブラック・アルパカコレクション〟の構想を思いついたとき、最初に確認できた黒いアルパカは約50頭だった。そこからアロンゾさんとノベルトに協力してもらい、どこにいるのかもわからないそのアルパカをパコマルカ研究所の周りから探し始めて、半年後には倍近くになった。それでも商品化するには足りないから、優れた品質の黒いアルパカを出展してくれた生産者には賞金を用意して「ザ・イノウエ・ブラザーズ」主催の〝ピュアブラック・アルパカ・コンテスト〟というイベントも行った。そうしたら、現地の人たちも呼びかけに応えてくれて、数が徐々に増えていった。とはいえ、黒ければなんでもいいというわけじゃない。クオリティを〝ベビーアルパカ〟以上に限定すると、その数はぐんと絞られてしまう。

ペルーには世界の約80パーセントにあたる400万頭のアルパカが生息しており、そのうち黒いアルパカは300頭程度といわれている。この0・01パーセント未満という数字は、まさに〝幻〟と呼ぶに値する。それでも、現地の人たちがその価値に気付いていなかったから、聡と清史はその希少性を訴え続けた。こうしたふたりの努力の甲斐あって、いまでは純白のアルパカ同様に、黒いアルパカを優先的に育てる牧畜民が現れ始め、少しずつ増加に転じている。

*

一切染めていないナチュラルブラックのアルパカ製品は、これまでどこにも存在しなかった。通常、染色には化学薬品を使うことがほとんどだが、そうするとアルパカ繊維の特徴であるなめらかさや光沢が失われてしまう。もちろん、絶滅寸前の動物を守るという使命感もなくはなかった。でも、それよりも自然本来の美しさを感じたい、純粋に染めていないナチュラルな黒を見てみたい、という好奇心のほうが強かった。

生産に着手できたのは、2015年3月。アロンゾさんに初めて相談してから、すでに3年が過ぎていた。それでも集まった原毛は、わずか50キログラムほど。〝シュプリーム・ロイヤルアルパカ〟のニット糸をつくったときに、200キログラムの原毛でも〝少ない〟と言われたことを考えると、お話にもならないレベルだった。ところが、〝あの〟紡績会社グループの幹部は、新しいニット糸の開発をふたつ返事で引き受けてくれた。にわかには信じ難い話だった。井上兄弟との取引額が年々大きくなっているとはいえ、グローバル展開するほかのブランドと比べたら、その額は微々たるものだ。

ただ、聡と清史には伴走者として奮闘してくれるアロンゾさんがいて、ノベルトがいて、エンリケがいた。そして、その先には中央アンデス高地でアルパカとともに生きる牧畜民たちがいた。井上兄弟の可能性に〝未来〟を感じて応援してくれる、チームの力強いサポートがあったからこそ、スタート地点にたどり着くことができた取り組みだった。

近年、急激に多様化したライフスタイルは、市場環境を高度に複雑化し、誰もが納得できるようなビッグ・トレンドは、もはや生まれにくくなっていた。安泰と思われてきた大企業ですら、高速で変化し続けるこうした流れについていけなければ、あっという間に取り残されてしまう。大規模紡績会社グループの幹部たちにも、そんな危機感があったのだろう。

食品と同様に、洋服でも〝トレーサビリティ（追跡可能性）〟を求める声が高まり、生産や流通の裏側にある倫理観を問われるようになった。さらに、企業においてソーシャル・ビジネス的な視点を含む〝CSV（共通価値の創造）〟の概念が浸透し、機関投資家を中心にESG投資（環境〝Environment〟、社会〝Social〟、企業統治〝Governance〟に配慮している企業を重視・選別して行う投資）が関心を集めるようになった。ファッション業界でも環境と社会に配慮した〝サステイナブル・ディベロップメント（持続可能な開発・発展）〟という考え方が叫ばれるようになると、エシカルとは距離のある存在だと思われていたメガブランドでさえも、社会貢献やエコロジーは避けて通れない問題となった。これまでの消費社会のあり方とは違う、〝より少ない資源で、より多くの価値を生み出す〟という、発想のパラダイムシフトが起こっていたのだ。

いつの間にか、舞台は整っていた。聡と清史が不器用ながらも必死に続けてきたソーシャル・ビジネスが、時代の空気と強くシンクロし、鋭い光を放ち始めていた。

＊

初めて目にしたナチュラルブラックのアルパカセーターは、予想した以上に美しく、その感動は言葉にできないほどだった。ほかの黒いアルパカ製品にはない、深みのある色合いと最上の手触りは、自信をもって〝世界一〟だと断言できた。ただ、糸の段階で40キログラムと量が極端に少なかったため、生産できたのは合計で8型182アイテムだけ。そんな事情もあって、この〝ザ・ナチュラルブラック・アルパカコレクション〟は、イセタンメンズの8階レジデンスフロアにあるセレクトショップ〝ザ・ギャラリー・バイ・チャーリーヴァイス〟限定のスモール・コレクションとしてお披露目することになった。

同じ年の12月、再びアロンゾさんを日本に招待して、ショップと隣接するメンバーズ制ラウンジで、このコレクションの発表会を行った。そこで多くのメディア関係者とチャーリーヴァイスの顧客たちを前に、聡がこう挨拶した。「このプロジェクトを始めたときから世界一のアルパカ・コレクションをつくることだけを目指してきました。僕たちのような小さなブランドが、スタートから10年足らずでいまのクオリティに到達するのは、普通に考えたら絶対に無理です。それが実現できたのは〝アロンゾ先生〟の協力があったからです」。

そして最後に、広大な中央アンデス高地を連日、黒いアルパカを求めて歩き回ってくれたノベルトの名前を口にして、感謝の言葉で締めくくると、深々と頭を下げ、会場に割れんばかりの拍手が響き渡った。アンデス地方のアルパカと出合ってから9年目の奇跡だった。

その後、この日のために製作した、パコマルカ研究所を紹介するショートムービーを上映し、集まった人たちに彼らの活動への理解を深めてもらった。また、来場者たちとの歓談では、ブラック以外のナチュラルカラーの潜在ニーズも大きいことを知り、それは次回以降の〝お楽しみ〟にすることにした。

発表会の終了後、みんなでディナーの席についているときだった。アロンゾさんが突然、「いまのわたしがあるのは、君たちのおかげだ」と言い、「アレキパの紡績会社グループの幹部たちの考えを変えさせたのは井上兄弟だ」と、ふたりへの感謝の言葉を口にした。感激の涙にむせぶのは、今度は聡と清史のほうだった。

アロンゾさんが勤務する紡績会社グループは、数年前から牧畜民たちのモチベーションを上げ、アルパカ繊維の品質改良のスピードを加速させるために、高品質の原毛を高値で買い取り、小ロットでも積極的に商品化する方針に転じていた。世の中が大きく変わるのは、まだまだ先かもしれない。でも、少なくとも取引先の幹部たちにはポジティヴな影響を及ぼしていたのは確かだった。

―幸せの答えを探して―

パリでの展示会は2015―2016年秋冬シーズンから、11区にあるバスティーユ・デザインセンターに会場を移すことにした。ここはレンガと鉄柱でつくられた19世紀の元・金物工場を修復してできたギャラリーで、床の木畳が当時のまま残っている。そんな貴重な空間を借りられるようになったのも、ビジネスの規模が徐々に大きくなり、「ザ・

イノウエ・ブラザーズ」の信用度が増した証拠だった。

以前の取引先は、95パーセントがヨーロッパで、日本が5パーセント程度だったのが、このころになると比率が逆転し、日本での取り扱い店舗が30近くになった。そして、セーターやカーディガン、ストールなどのアクセサリー類がメインだったコレクションに、パンツやコートといった、これまで手がけてこなかったアイテムが少しずつ加わり、その品揃えを広げていった。


時代が猛スピードで動いていて、物事の価値がどんどん変わっていくなか、ふたりの活動は恐ろしくアナログでスローに感じられるかもしれない。でも、変わらないことや変えてはいけないことはきっとある。そのひとつが土地に根差した固有の文化や伝統であり、だからこそ、そこに新しい価値を吹き込む「ザ・イノウエ・ブラザーズ」のものづくりには幸せの連鎖を生むストーリーが存在する。そして、それを〝真〟の価値として伝播させていくことが、井上兄弟が自らに課したミッションでもある。

「本当の価値を決めるのは、希少性でも価格でもない。そこにどれだけ、つくり手の熱い情熱と魂を込められるかなんだ」

ふたりは、そう口にする。まだまだやり残したことがたくさんある。南アフリカやパレスチナ自治区のプロジェクトは休止したままだし、春夏シーズンに関する売り上げの問題は、いまだ解決に至っていない。でも、そんな挫折を幾度となく経験してきたからこそ、それをバネに〝今度こそ〟という闘志が湧いてくる。「ザ・イノウエ・ブラザーズ」の物語は、まだほんの序章に過ぎない。

以前、取引のあったボリビアのニット工場からは先日、現地でリャマの改良プログラムが進み、〝カシリャマ〟というネーミングの高品質なニット糸が開発されたという知らせがあった。2015年から招待されている〝ペルー・モーダ〟（ペルーの首都リマで開催される、同国発のファッションを紹介する国際展示会）では、そのコネクションを通じてオーガニック栽培された〝ピマコットン〟（ペルーが原種の超長繊維綿の一種）を使う、カット・ソー製造の小規模アパレル企業と知り合うことができた。彼らは、井上兄弟とよく似た〝正しい〟方法で世界に通用するものづくりをしており、その企業とのコラボレーションが実現すれば、年間を通じて南米でビジネスができる可能性がぐんと広がる。

中央アンデス高地のアルパカでは、いままで挑戦していなかった〝スリ〟（長く縮れた毛を特徴とするアルパカの種類。毛は細く柔らか。絹のような光沢があり、毛刈りには高い技術を必要とする）のなかでも最高級の繊維を、ニッティングではなく、織りで生地に仕立てるプランがある。さらに、パコマルカ研究所と共同で〝シュプリーム・ロイヤルアルパカ〟に代わる17・3マイクロン以下の〝インペリアルアルパカ〟という、かつてインカ帝国時代に王族が身につけていたクオリティと同等の、最高峰のニット糸の開発も進行中だ。

＊

学ぶことを止めず、いつまでも成長し続けたい。時代の流れが激動してナーバスになる人も多いけれど、希望だけは絶対に失ってはならない。むしろ現実的に考え過ぎて、それが足枷《あしかせ》になってしまうのがいちばん怖い。〝自分たちがどんなに頑張っても、なにも変わらない〟と思ったら、そこで終わりだ。だから常に〝できる〟自分をイメージする。そう信じることが、大きな力を与えてくれるからだ。

世の中は絶えず動いている。いまの一瞬は、もうない。だとしたら、目の前の常識だけにとらわれるのはおかしいし、変わっていく流れのなかに勇気を出して飛び込んだほうがいい。人生は壮大な〝実験場〟だ。さまざまな予想や仮説を実際に検証し、少しずついろんなことに気がついて、自分という人間がどんどん更新されていく。

夢を最後まであきらめない。そのために、どんなに泥臭いと思われても、とにかく動き続ける。そしてこれからもポジティヴで、みんながチャレンジしたい気持ちを奮い起こさせるようなクリエイティヴなアイディアを発信していきたいと思う。

聡と清史は、このブランドを始めてから、ある夢を抱くようになった。それは自分たちの考えを若い世代に広め、彼らをエンパワーメントしていくことだ。社会の変革は一世代では成し遂げられない。だから、「ザ・イノウエ・ブラザーズ」の活動を通じて、〝クリエイティヴの力で世界を変える〟ことが証明できたら、立ち上がる勇気と行動力の大切さを次世代に伝えたいと思っている。

いろんな学校から、ソーシャル・ビジネスについて〝どうやればいいのか〟を講演してほしいという依頼は多い。でも、いまは全部断っている。命がけでやるビジネスに手っ取り早いノウハウなんて存在しないし、他人から教わって覚えるものじゃない。問題がなんなのか――自分の頭で考えて、悩んで、苦しんだ末に、答えを見つけ出さなければ、意味がないからだ。答えはひとつだけじゃないし、やり方だって10人いれば10通りある。正解になかなかたどり着けなくても、考え続けることのほうが大切なんだ。

聡と清史だって、自分たちのビジネスで地球上に存在するすべての問題を解決できるなんて思っていない。けれども、世界で起こっている出来事を、自分に引きつけて〝当事者意識〟をもつ人間があらゆる分野で増えていけば、未来はきっと変えられる。いつか、そんな一連の過程を一緒に学び、成長するための〝場〟をつくりたい。学校なのか、文化施設のようなものなのか、あるいは世界各地を巡るワークショップなのか、どんなかたちになるかはわからない。

聡は初めてボリビアを訪れたとき、路上で必死に働く靴磨きの子どもの笑顔に心を動かされた。あのとき、この子たちを絶対に不幸にしちゃいけないと誓い、彼らに欠けている教育の機会をつくりたいと思った。教育は、人間がこれまで培ってきた知識や経験、技術といった、先人たちが蒔いてくれたさまざまな種を受け取るためのヒントになる。今度は自分たちがそれを通じて成熟し、地球の未来と将来の世代のために、なんらかの種を残す番だ。そのためには、もっともっと結果を出さなければならない。

世の中は、決してビジネスや経済ばかりで動いているわけじゃない。お金がいくらあっても手に入れられないものがある。愛する家族に支えられ、かけがえのない友人や仲間とともに、同じ夢に向かって生きる喜びはなにものにも代え難い。そして聡と清史は、人生の目的を懸命に追い求めてきたからこそ、それが自分たちの仕事と一本の線でつながり、「ザ・イノウエ・ブラザーズ」の活動が生きがいになった。

生きることとは、転んでは立ち上がり、前に進むことの積み重ねだ。痛みや試練を伴ってもなお、人生の美しさは色褪せることはない。これは、ふたりにとって、幸せの答えを探し続ける、冒険心に満ちた夢とロマンの旅でもあるのだ。

井上兄弟を乗せた車は、天空に向かって延びる道をひたすら走り続けていた。パコマルカ研究所は、地球上でもっとも辺境とされるペルー南部の中央アンデス高地にある。標高は4000メートル以上。道中の車内では、アロンゾさんによるアルパカ繊維に関する講義が続いていた。彼は、いまでもひと月に一度はプーノ通いを続けており、聡と清史がペルーを訪れたときには、必ず現地まで同行してくれる。もう兄弟ふたりだけじゃない。聡と清史には〝チーム〟と呼べる頼れる仲間が大勢いる。こうして周りと親密な距離でつながり、一緒に行動を起こしていけば、その影響力は徐々に大きくなり、やがて社会を動かす力になるに違いない。車窓からは荒涼とした大地がどこまでも続いていた。ふと視線を上に向けると、コンドルが大空でその翼を広げていた。

現実を突き破る、17の箴言

17 IDEAS ON DOING THINGS DIFFERENTLY

―

なぜ、井上兄弟はあんなにも行動力があるのか？
なぜ、満面の笑みで〝夢〟について語ることができるのか？
取材中に彼らが語った言葉から読み取る、ふたりの原動力。

1 | **夢の実現** | 聡

常に〝自分はできるんだ〟って信じること。
人間はなにかを信じることで
とてつもなく大きなパワーが出ると思う。
むしろ、現実的に考えすぎてしまって
それが足枷になるのがいちばん怖い。
自分がいる限り、〝どうにかなるでしょ〟という
境地にまでもっていきたい。

Q | 夢や目標を実現させるのに必要なものは？

聡は、同時に「できるだけたくさんの人に心を開け」と言う。そして、喜びも苦しみも一緒に分かち合える友達をひとりでもいいからつくれ、とも。なかなか難しい課題だが、彼曰く歴史上の人物でもいいのである。聡が苦しいときに頼るのは、モハメド・アリ、マハトマ・ガンディー、フェラ・クティ、ボブ・マーリー……。偉大な先人の言動が聡の夢を後押しし、聡の言動がアンデス地方をはじめ多くの人々を支えていく。肉体は滅びても、思想は永遠に引き継がれていくのだ。

2 | **座右の銘** | 聡

モットーは、勇気をもつこと。
勇気とは、怖いものがないんじゃなくて
怖さに立ち向かうこと。
最終的にいちばんの恐怖は、死ぬことだからさ。
100パーセントの力で生きるためには、死を乗り越えないと。

Q | 大切な言葉、座右の銘は？

シンプルながら、パワーに満ち溢れた言葉だ。たくさんの〝恐怖〟を体験してきた聡の言葉だからこそ、〝勇気〟が意味するところも深い。そして、最大の恐怖である〝死〟。かつて写真家の藤原新也が「本当の死が見えないと本当の生も生きられない」と語ったように、聡は世界中で〝リアルな死〟を目の当たりにしてきたからこそ、自らの生を生きるためには「死を乗り越えないといけない」と語るのだろうか。

3 | **子育て** | 聡

子どもと話すときは
目の前にいる子どもと話すんじゃなくて
将来、その子が大人になったときを想像して話すんだ。
ただ、ひとつ確実に言えることは
溢れるほどの愛情をもって接すれば
絶対に間違わないよ。

Q | 子育てで注意していることは？

3人の子の父親でもある聡の〝フェアさ〟は子育てでも発揮されているようだ。彼は「絶対、子どもたちに自分より仕事のほうが大事だと思わせたくない」と言う。商談中でも、学校から帰ってきた子どもたちは「父ちゃーん！」と、その日の出来事を喜々として話す。いまの日本で、仕事より子どもとの会話を優先できる親がどれほどいるだろう。身近な人にすら愛情を注げない人間に、ソーシャル・ビジネスなどできるわけがない。

4 | **健康** | 聡

日本の長寿の女性たちは、命を削りながら毎日働いている。
植物と一緒。植物も厳しい環境にさらされると
さらに強くなるでしょ。人間もそうだと思うんだ。

Q | 健康・長生きについての考えを教えて

「若いころ、自分を大切にしていなかった」と聡。パンクやジャズアーティストには自己破壊を肯定するメンタリティの人物も多く、聡もそうだった。しかし子どもが生まれ、家庭をもってからは、健康のために〝食べ物〟と〝睡眠〟には注意している。日本の長寿の女性たちが一生懸命に農業をやり、ローカルフードを食べている姿を見て、「自分が暮らす地域のものを食べるというのは、野生の動物と同じで、いちばん人間にとってもいい」と信じている。

5 | **日本人** | 聡

日本人のほとんどは無意識のうちに
どこかでなにか正しいこと、
善いこと、やさしいこと、
素敵なこと、真実なことを求めていると思う。

Q | 日本人の不思議なところ、長所・短所は？

その一方で、日本人はピュアなあまり、政治家やメディアが正しいといったら、あまりにも簡単に信じすぎる、と聡は指摘する。自分から真実を求める姿勢が圧倒的に足りない、とも。聡はグラフィックデザイナーの講師として日本で講演することもあるが、必ず最後のＱ＆Ａで「日本人にいちばん伝えたいことは？」と聞かれるという。そんなときはひと言、「自分を信じろ。自信をもて。日本と日本人がどれだけすごいのか理解して、自覚しろ」。

6 | **人種・宗教差別** | 聡

寒さで死んでゆく赤ちゃんを一回でも見てみろ。

Q | シリアの難民問題についてどう思う？

差別の苦しみを体感している聡は、徹底的に弱者の側に寄り添う。その愛の深さは、革命家たることの証と感じられる。「自分も苦しんでいるのに、なぜ他国の人を助けなければならないのだ」というマイナス思考の社会に疑義を唱え、「そんな人は一日だけでも難民キャンプに泊まってみるべきだ。人間の心を取り戻せ」と声を上げる。わたしたちは難民問題をどこか遠い国の出来事、として終わらせていないだろうか、死にゆく赤ちゃんの存在を知ったとしても……。

7 | **正義** | 聡

いつも正義を求めていた。英語でいうと〝Justice〟。
Justiceには、すべての人にとって不都合なく
公正な思想・行動って意味がある。
自分がやっていることが正義だって自信をもつには
結果の積み重ねしかないよね。
最初から自信をもつなんて絶対に無理。
でも、人生のどこかのタイミングで一回だけでも自分の力を
信じてみようと思った瞬間、そこで変化が起きるんだ。

Q | **なぜ自分たちの〝正義〟を信じられるのか？**

その答えは〝結果の積み重ね〟でしかないと聡は言う。自分の力を信じて、まずは自分の人生を、すると今度は子どもや家族を、さらにはローカル・コミュニティを、といった具合に、自分の行動が周囲に好影響を与えるという〝結果〟が得られれば、自分の実践する〝正義〟への自信は高まっていく。正義とは、そんな一つひとつの言動の積み重ねであり、〝現場の人間〟にしか語りえないものなのかもしれない。

8 | **井上兄弟** | 聡

清史がいるおかげで
喜びが倍になって、苦しみが半減される。
仲間がいるっていうのは、なにものにも代え難い宝だよ。
全部、失ったとしても、全然怖くない。
逆に金持ちになったとしても、全然怖くない。
僕たちはブレない。ふたりでいる限り。

Q | **井上兄弟の強みは？**

「ザ・イノウエ・ブラザーズ」が圧倒的な存在感を放つ理由のひとつは、この〝ブレなさ〟だろう。取材中、いくつか意地悪な質問をぶつけてみた。「偽善ではないのか？」「自己矛盾を感じないのか？」など。しかし、彼らはブレない。「未来をポジティヴに変える」という信念に則り、間違えば互いに指摘し、軌道修正を施し、ふたりでミッション遂行に命をかける。こんな真っ直ぐな生き方ができるものなのかと、信じられないほどだった。

9 | **故郷** | 清史

初めてロンドンに来たときに
ここが自分の居場所だと感じたんだよね。
なぜか自分の〝故郷〟だって思えた。
すごく居心地がよかった。
肌の色とか性的マイノリティだからといって
それを理由にジャッジしない。
だから、僕はデンマークに戻らないことにしたんだ。

Q | ロンドンのどういうところが好き？

清史は高校卒業後、ロンドンの〝ヴィダルサスーン〟が経営する美容学校に留学した。そして、現在もロンドンで暮らしている。デンマーク、日本、ロンドンと、彼にとって〝故郷〟と呼べる場所はいくつかありそうだが、土地にはその人に合った〝居心地のよさ〟があるのだろう。グローバル社会といわれて久しいが、日本人の若者の多くは内向き傾向にあり、生き辛さを抱えた人も多い。清史のように〝飛び出す〟ことが、生き方を変えるきっかけになるかもしれない。

10 | **家族** | 清史

親父の死に対して、ずっと話せなかった。
すごいトラウマになったというか、いちばん苦しんだ。
だけど家族がいたから、時間はかかったけど、乗り越えられた。
乗り越えられたとき、うちの家族はすごく強くなっていたんだ。

Q | 子どものころ、なににいちばん苦しんでいた？

井上ファミリーの〝絆〟を強固なものにしたのは、〝父親の死〟がきっかけだった。清史は父親を「ヒーローだった」と話す。そのヒーローを亡くしたとき、絶望する清史を支えたのが家族の力だったのだ。聡は父の死について「人生最悪の瞬間だった。でもいまは人生最高の出来事」と話す。すべては諸行無常、時が経てば物事のもつ意味はコロコロ変わっていく。苦悩の渦中にいるときこそ、この不変の真理を思い、ポジティヴを貫いていきたい。

11 | **父親** | 清史

どんな人にも見下されない自分にならなきゃならないし、自分も決して他人を見下しちゃいけない。いつでも自信をもって、世の中をフラットというか、公正に見るというのは父親に教わったよね。

Q | 父親との印象的なエピソードはある？

幼少期、父親は兄弟ふたりを、ロンドンのサヴィルロウやローマの〝ボルサリーノ〞、フィレンツェやパリの美術館などに連れ歩いたという。アートやファッションの世界における〝本物〞を見せることで、いろいろな可能性を提示し、自分で判断して自分で学ぶことの大切さを教えてくれた。決して裕福ではないにもかかわらず、超高級ホテルにもたびたび訪れたという。井上兄弟のミッションが単なる〝反抗〞に留まらず、〝ニュー・ラグジュアリー〞として昇華しているのも、彼らの視野が全方位的であるがゆえだろう。

12 | **幸せ** | 清史

周りの人が喜んでいるとき、自分がいちばんうれしい。そういうシンプルなことなんだと思う。自分の気持ちに正直に生きる。それさえわかっていれば、幸せって普段の生活のなかでも、もっと感じられると思うんだ。

Q | 世界をポジティヴに変えたいと思ったのはなぜ？

清史は現代社会を、「人間が狂ってしまっている。システムに狂わされている」と評す。弱肉強食が当たり前の高度資本主義社会では、みんな〝自分さえよければいい〞という感覚が強く、自分の欲望に振り回されていると。いまを生きる多くの人が、清史の言葉に共感できるのではないか。問題は〝それで、どうする？〞ということだ。井上兄弟は、自分の気持ちに正直に生きることに決めた。幸せの答えは、誰もが心のなかにもっている。

13 | **会社** | 清史

**〝ヴィダルサスーン〟がアメリカの大資本に
買収されたあたりから、
〝クリエイティヴ・ファースト〟から
〝ビジネス・ファースト〟に変わってしまったんだよね。
社内の空気が変わった途端、ストレスが溜まって
これは違うなって思ったんだ。やっぱり最終的には人だからさ。
人を大事にしないのってダメじゃない。**

Q | 会社勤めのころのことを教えて

誰もが自分の理想とする仕事に就けるわけではない。日本では〝ブラック企業〟〝ブラックバイト〟なんて呼ばれて久しい。会社を責めることはできるけれど、いまの社会がそうだからある一面では〝ブラック〟にならざるを得ないという見方もできる。だから個人それぞれが、〝否〟を唱え続けなければいけない。人を人として扱わない会社に対して、そしてそんな会社を生み出した社会に対して。誰かが不幸になる仕事なんて、この世に存在してはならないのだから。

14 | **人生で最高の瞬間** | 清史

**アンデスに行くまでは
人間に感動することってあんまりなかったんだ。
でも、そこで衝撃を受けて
ああいう体験があったからオープンマインドになれた気がする。
これが本来の人間らしい姿だって思えたから。
前よりもずっと心をオープンにしているから
受け入れる幸せも大きくなっているんじゃないかな。**

Q | 人生で最高の瞬間は？

「昨日も最高だった」と清史は笑った。信頼している仲間たちとディナーに行ったなにげない日常のひとコマだが、清史は「すごく幸せだなあと思える瞬間が、だんだん多くなっていっている気がする」と話す。心を開けば開くほど、近所の人と挨拶を交わすだけでもうれしくなってしまうという。打算や利害関係にばかり左右されて、〝本来の人間の姿〟を失っている人には、永遠に人生で最高の瞬間は訪れないのかもしれない。

15 | **アート** | 清史

“ダダイズム” には影響を受けた。
あ、僕もアートを見ていいんだ、って思ったんだよね。
フィーリングが人生のアート。
生きていることがアートワークなんだって思えたんだ。

Q | 影響を受けたアーティストは？

「特にマルセル・デュシャンの考えに感動しちゃって、それが僕の哲学にもなっている」と清史。アートというとなにか高尚なものだと思いがちだが、作品を観て感じたフィーリングこそがアートなのだと。喜怒哀楽の感情そのものがアートだとすれば、我々人間は生涯をかけて壮大なアート作品をつくっていることにもなる。井上兄弟のアートに刺激されたわたしたちのアートが、ポジティヴのスパイラルを生む可能性だってあるはずだ。

16 | **夢の実現** | 清史

夢って、自分ひとりじゃ実現できないからさ。
周りの理解やサポートがあって
前進させていくものでしょ。

Q | 夢を叶えるためになにが必要？

“夢を叶える” だなんていうと、個人的な努力だけを想起しがちだが、清史の第一声は違った。確かに井上兄弟の壮大な “夢” はふたりの力だけで実現するような代物ではない。本文で記されているように、彼らの夢は周囲の理解やサポートによって、ゆっくりした歩みながら確実に前進していっている。では、周囲の理解やサポートを得るにはどうしたらいいのか？　彼らの半生を読み進めれば、自ずとわかってくるだろう。

本当は俺たちの側がマジョリティであってほしい。
でも、マイノリティであるのが現実。
だから、団結する。
［聡］

信じているから、ずっとやっていける。
僕たちがマジョリティであるべきだって、信じているから。
僕たちはそれを証明しないといけないからさ。
［清史］

Q なぜ、団結するのか？

「ザ・イノウエ・ブラザーズ」のシンボルは〝拳〟のマーク。団結・革命のシンボルである。団結しなければ、どこにも到達できない。でも団結した瞬間、ふたりだけでも、すごいことを起こすことができる。チーム魂。常にマイノリティ側のシンボルでもある。しかしふたりは、自分たちがマイノリティであることを潔しとはしない。ふたりの活動がマジョリティになったとき、ファッションの力で未来は変わっていくはずだ。

― あとがき ―

人は、いつから夢を見られなくなってしまうのだろう。子どものころは荒唐無稽な願いであっても、ほとんどの人が希望に満ちた未来を夢見ていたと思う。ところが、年齢を重ね、現実を知るにつれ、いろんなことをあきらめ、社会と折り合いをつけながら生きてゆく。それが〝大人〟になることだと思っていた。でも、井上兄弟はまったく違っていた。だから、僕の常識には当てはまらない彼らのことが気になってしようがなかった。

ふたりのことを知ったのは、2012年の末だった。ビームスの山崎勇次さんと佐藤尊彦さんに誘われて、広尾のイタリア料理店で食事を共にしたのが最初だ。当時、僕はファッション&ライフスタイル誌の編集者をしていた関係で、〝面白いデザイナーがいる〟と聞き、ふたりを紹介してもらった。当時の彼らの第一印象は、礼儀正しくて、とにかく元気。人の目を真っ直ぐ見て話す人たちだと思った。ただ、僕の知っているファッションデザイナーにはいないタイプで、正直、戸惑った憶えがある。

風貌がそれっぽくないのもあるし、「ファッションの力で、社会にポジティヴなインパクトを与えたい」と気宇壮大な夢を語り、ともすると青臭いと思われがちな言葉を平気で口にする。本書にも〝正義〟や〝世界一〟というフレーズが多く出てくるが、とかくこうした言葉は独善的に聞こえやすい。だからこそ、そんな彼らに興味をもった。

以降、何度もインタヴューを重ね、ふたりの〝正体〟を知ろうとしてきた。井上兄弟がしていることは、ファッションデザインでありながら、社会問題を解決する〝仕組み〟のデザインであり、彼らが〝スタイル〟と呼ぶのは、見た目のことではなく〝生き方〟だった。ファッションと近いようでいて、その根幹にある部分はまったく違う。それゆえ、彼らを〝ファッションデザイナー〟としての文脈で捉えようとすると、その核心になかなか近づけないというジレンマがあった。

この本を書くにあたり、ふたりのお母様に大いに助けられた。書き上がった原稿をメールで送り、さまざまなアドヴァイスをいただいた。なかには、うまく本文中に落とし込めなかったものもある。その一部を、ここで紹介したいと思う。

初めて聡がボリビアを訪れたとき、靴磨きの子どもたちと出会うシーンがある。これには後日談があり、路上で働いているのならまだしも、物乞いをして生きるストリートチルドレンも多くいたという。そこで聡が考えたのは、子どもたちと一緒に働くことだった。地元の児童養護施設と連携し、一人ひとりに絵を描いてもらい、Tシャツにプリントする。その売り上げを彼らに直接手渡し、それが自分たちの描いた絵で得た収入だと説明しようと思い立ったのだ。実際、描き上がった絵にはデンマークの子どもたちには見られない、明るい色使いや太陽、神を描いたものがあり、新鮮な驚きがあった。このエピソードには、いまの「ザ・イノウエ・ブラザーズ」のスタンスがよく表れている。〝チャリティではなくビジネス〟とふたりがよく口にするのは、施しは一時的な助けになっても、自立を促すための手段にはならないと考えるからだ。路上生活を送る子どもたちに、自らの境遇を惨めに思うのではなく、仕事でお金を得る喜びを感じてほしかった。だから、子どもであっても対等の立場で接することにした。帰国後、聡が友人たちに呼びかけると、Tシャツのプリント工場を経営している人物が協力を申し出てくれた。そして、その話を聞いたお母様は、これからふたりが始めようとするソーシャル・ビジネスを心から応援しようと決心したという。

ふたりの子ども時代に触れた章では、それを読んだお母様から幼いころの思い出を綴ったメールをいただいた。井上兄弟はデンマークにいると日本人の顔をした外国人であり、日本に里帰りすると日本人の顔をした外国人だった。そのことで聡は思い悩み、「僕は日本人？　それともデンマーク人？」という作文を学校で書いたという。でも、日本語補習校の中学校卒業式のころには〝地球市民〟として生きていく覚悟を決めていたらしい。

平和な日本で暮らす僕たちにとって、世界各地で起こっている出来事に対して、当事者意識をもって関心を抱くのは極めて難しい。なにかを感じたとしても、少し時間が経てば〝どこか遠い国の問題〟だと思ってしまう。けれども、〝不条理〟はふたりにとっては放っておけない問題だった。たとえば、バングラデシュには33万人以上のストリートチルドレンがいる。20年以上続いたルワンダ北部の内戦では、多くの子どもたちが強制的に徴兵され、親や兄弟を殺すのを強要されたりもした。そんな事実にいちいち心を痛め、涙していたら、体がもたないと思うのは、僕の身勝手だろうか。

人間は万能ではない。そのことをふたりは自覚している。でも、ふたりには「できない」というロジックは通用しない。人種や国籍、信条や宗教、文化の壁を超え、彼らは地球に生きるひとりの人間として、日々なにができるかを考え、行動する。そして、不条理に対して責任追及や悲しみを嘆くだけでなく、自分自身にその責任の一端があるのではないか、地球に生きる自分たちはどこかでみんなつながっている、と考えるのだ。

ふたりのビジネスに話を移すと、デンマークでのスタートアップは容易な一方、税制の関係上、持続できない難しさがある。税金の支払いが近づくたびに聡の顔を見ただけで、毎年、お母様はその苦悩を感じ取っていたという。そして資金ゼロの会社が、よくぞここまで耐えしのいできたと感心する。いろんなことが同時進行しているとき、すぐ側で見ていて、ふたりがしていることが、焦りなのか本業からはブレているような感じがしてならなかった。特に、アフリカのビーズは手工芸としては珍しいものでもなかったこともあり、その後、宝石に手をつけようとしていたときには、もはや長続きしないかもしれない、と半ば観念したらしい。常に、自転車操業のふたりを見ていて、息が詰まりそうになったり、知らないほうがよかったと思うことも多かった。それでも息子たちが将来を語るときのキラキラした目を見ると、いつかその夢が実現するのではないかと思えて、次第にそれが自分の生きがいになっていったという。

少し出来過ぎた話だと思えてしまうが、実際に聡や清史と話してみると、そうとも言っていられない。彼らには、ここまで書いてもなお言い尽くせない、他人を惹きつける魅力がある。ああいう真っ直ぐな気持ちに触れてしまうと、どうにもこうにも自分が世間の手垢にまみれた人間のように思えてしまい、気恥ずかしくもあり、迂闊なことは言えないと身構えてしまう。ただ、ふたりは決して〝特別な〟人間ではないし、他人に対してものすごく寛容だ。それに甘えるつもりはないが、彼らが言いたいことを煎じ詰めると、自分たちと同じようなポテンシャルは誰でももっているし、一緒によりよい未来をつくりたい、という想いの共有に他ならない。

これまでにないくらい時代が猛スピードで移り変わり、今日の常識が明日の非常識になったりもする。先のことは予測不可能だし、技術革新は社会のシステムをどんどん更新していく。でも、デジタル・テクノロジーは世の中を便利にしても、それはあくまで〝ツール〟でしかない。だから井上兄弟は、その恩恵を最大限に利用して、ネットワークを広めながら、生きることの〝意味〟を全力で探り当てようとする。

アンデス地方に同行した取材中、ふたりは移動する車中で、「善い行いをしているつもりはまったくないんだ」と語った。そして、「むしろ、自分たちのほうが彼らから人間らしさを学んでいる」とも言った。世の中には差別や偏見、不公正がそこかしこに存在する。そんな社会に反抗しながら、理想の未来を追い続ける生き方は、ある種のロマンティックな冒険だ。思い描いたように社会は変わらないかもしれない。でも、そこにはワクワクするような〝高揚感〟があるのは確かだった。

彼らを見ていると、夢を大っぴらに口にできない社会のほうがきっとおかしいのだと思えてくる。夢は与えられるものではない。自ら描き、つかみ取るものだ。彼らは、無邪気そうに未来を語りながら、自分たちの思い描いた将来の設計図をどんどん〝かたち〟にしていく。評論家よろしく、そんなのは自己満足だと言うのは実に容易い。でも、ふたりのように、自分の気持ちに正直に生きようと思ったことはあるだろうか？　本気で〝幸せ〟とはなにか、考えたことはあるだろうか？

あと一歩、みんなが踏み出す勇気をもてば、僕たちの未来は本当に変わるのかもしれない。

石井俊昭

2017年12月

Special Thanks |

A big thanks to
all our family on
both sides

Our mother
Satsuki Inoue

Our wives
Ulla and Madeline

Our uncle
Shingo Yamaguchi

And our mentor in life
Ikeda Sensei

Co-Author
Toshiaki Ishii
PHP Institute,Inc.
PHP Editors Group,Inc.

Heartfelt thanks to our friends

Japan

Akemi Hashimoto
Akio Hasegawa
Daisuke Yokoyama
Fukuda Family
Gyota Tanaka
Hidefumi Takeda
Hiroki Ezaki
Hiroyuki Kamigaki
Hisahiro Shimomura
Hisham
Katsuki Araki
Kayo Kambayashi
Keishi Endo
Keita Izuka
Kengo Nakamoto
Kengo Saito
Kenichiro Tsuruta
Kiyohiko Takada
Kiyonao Suzuki
Koji Itamura
Kyohei Yamada
Masahiro Iwano
Nanna Bengtsson
Rei Kawakubo
River Team
Ryo Kashiyama
Ryo Saito
Setsumasa Kobayashi
Shigeru Yasuda
Takahiko Sato
Takayuki Hotta
Takeharu Sato
Torii Family
Tsuneyoshi Kakisako
Yo Shitara
Yohei Wakamoto
Yuichi Yoshida
Yuji Yamazaki
Yuki Tani
Yusuke Kido
101 Crew

International

Aldona Kwiatkowski
Ali Isitir
Alonso Burgos Hartley
Anders Nash
Anthony Keast
Bosse Myhr
Cathal McAteer
Enrique Vera
Environment Team
Felix Nielsen
Gregor Lehrl
Ido Voss
Iver Engdahl
Jonas Hartz
Joppe Rog
Julien Colombier
Kevin Pihl Nielsen
Martha Cooper
Nicholas Taylor
Norberto
Oscar Jensenius
Otto Højfeldt Thomsen
Peter Steffensen
Polly King
Rachel Holmes
Richard Windsor
Robbie Lawrence
Shirabe Yamada
Soren Bonke
Stine Hein
Tiahuanacu Bolivia
Touba Crew
Tyler Brulé
Xander Ferreira

著者

ザ・イノウエ・ブラザーズ
THE INOUE BROTHERS...

井上聡　井上清史
Satoru Inoue　Kiyoshi Inoue

デンマークで生まれ育った日系二世兄弟、井上聡（1978年生まれ）と清史（1980年生まれ）によるファッションブランド。2004年のブランド設立以来、生産の過程で地球環境に大きな負荷をかけない、生産者に不当な労働を強いない〝エシカル（倫理的な）ファッション〟を信条とし、春夏は東日本大震災で被災した縫製工場で生産するTシャツ、秋冬は南米アンデス地方の貧しい先住民たちと一緒につくったニットウェアを中心に展開する。さまざまなプロジェクトを通して、世の中に責任ある生産方法に対する関心を生み出すことを目標にしている。聡はコペンハーゲンを拠点にグラフィックデザイナーとして、清史はロンドンでヘアデザイナーとしても活動。そこで得た収入のほとんどを「ザ・イノウエ・ブラザーズ」の運営に費やす。

www.theinouebrothers.net

取材・執筆

石井俊昭
Toshiaki Ishii

1969年生まれ。青山学院大学卒業後、アシェット婦人画報社（現ハースト婦人画報社）などを経て、2000年にコンデナスト・ジャパン入社。『GQ JAPAN』編集部にてファッション・ディレクター、副編集長を務める。14年に退社し、フリーランスとして独立。雑誌、WEB、カタログ制作などの編集・執筆などを行う。16年よりリヴァー所属。さまざまなメディアのクリエイティヴ・ディレクションや広告のコピーライティング、企業のブランディングなど、多岐にわたって活動中。

僕たちはファッションの力で世界を変える

ザ・イノウエ・ブラザーズという生き方

2018年2月6日　第1版第1刷発行

著者 ｜ 井上聡 井上清史
取材・執筆 ｜ 石井俊昭
発行者 ｜ 清水卓智
発行所 ｜ 株式会社PHPエディターズ・グループ
〒135-0061 江東区豊洲5-6-52
TEL 03-6204-2931
http://www.peg.co.jp/

発売元 ｜ 株式会社PHP研究所
東京本部 ｜ 〒135-8137 江東区豊洲5-6-52
普及部：TEL 03-3520-9630
京都本部 ｜ 〒601-8411 京都市南区西九条北ノ内町11
PHP INTERFACE：https://www.php.co.jp/

印刷所・製本所 ｜ 凸版印刷株式会社

ISBN978-4-569-83764-2